Red wine is something that keeps womens body in shape as well as their skin conditions.
BOURGOGNE
CHARDONNAY

22

葡萄酒私房话

Enjoying WINE

喝出鲜活人生

红酒已被医学界证实为一种健康饮品。葡萄所含“白梨芦醇”具有延年益寿、预防自由基对低密度脂蛋白的氧化作用，将之酿成红酒，不但可健身抗老，还能保护心血管，预防相关疾病的形成

Red wine and Health

吴盈颖 编著

中国农业大学出版社

图书在版编目（CIP）数据

葡萄酒私房话——喝出鲜活人生/吴盈颖编著.—北京：中国农业大学出版社，2009.2
ISBN 978-7-81117-656-8

Ⅰ.葡… Ⅱ.吴 … Ⅲ.葡萄酒-基本知识 Ⅳ.TS262.6

中国版本图书馆CIP数据核字（2008）第207887号

书　　名　葡萄酒私房话——喝出鲜活人生

作　　者　吴盈颖　编著

策划编辑　梁爱荣　　**责任编辑**　梁爱荣

责任校对　陈莹　王晓凤

出版发行　中国农业大学出版社

社　　址　北京市海淀区圆明园西路 2 号　　**邮政编码**　100193

电　　话　发行部 010-62731190,2620　　读者服务部 010-62732336

编辑部 010-62732617,2618　　出 版 部 010-62733440

网　　址　http://www.cau.edu.cn/caup　　**e-mail**　cbsszs@cau.edu.cn

经　　销　新华书店

印　　刷　涿州市星河印刷有限公司

版　　次　2009年2月第1版　　2009年2月第1次印刷

规　　格　889×1 194　　24 开本　　6.75 印张　　145 千字

定　　价　33.00元

图书如有质量问题本社发行部负责调换

目录

CONTENTS

葡萄酒私房话……

前　　言　7
PREFACE

葡萄酒基础入门　11
PART 1

葡萄酒养生健康指南　45
PART 2

饮酒禁忌须知　90
PART 3

红酒美食地图　117
PART 4

世界顶级酒乡之旅　141
PART 5

ACCI PICCOLOMINI d'ARAGONA
Pianrosso
BRUNELLO di MONTALCINO
2001

前言
Preamble

红酒高手/赏味时尚/浅酌养生

根据“亚太地区葡萄酒与烈酒展览会”(Vinexpo Asia-Pacific)发布的资料，1994-2000年间，世界葡萄酒产量增长了约6.5%；其中亚太区葡萄酒销量不断增长，专家估计，2008年上升16%，成为全世界葡萄酒消费量增加最快的地区。

红酒作为一种健康饮品，已被医学界证实。葡萄所含的“白黎芦醇”具有延年益寿、预防自由基对低密度脂蛋白的氧化作用，将之酿制成红酒，不但可健身抗老，还能保护心血管，预防相关疾病的形成。

其实在很久以前，葡萄酒就已被欧洲的医生广泛用在医疗与保健上，把它当作一种天然药方，用来医治动脉硬化、贫血、肺炎、肾病、胆病、腹泻等病症，或帮助病人康复滋补、调养病体的饮品。

除了健康方面的优点，红酒对于养颜美容也有一定的功效，如红酒SPA具有舒压润肤的妙用、红酒面膜可以美白净颜，而正确的饮用红酒还可以美容瘦身、改善体形。

本书由红酒的起源历史谈起，深入浅出地介绍红酒的由来、红酒品尝方式、酒吧文化、饮酒的好处和坏处以及世界各国红酒的发展和特色，带领读者悠游于红酒丰富多彩的天地之中，了解、认识这一带着神秘瑰丽和浪漫色彩的饮品以及如何正确饮酒才能兼顾乐趣与健康。

认识葡萄酒已经成为现代人的必修课程，想成为讲究生活品位、健体养生的红酒高手吗？通过本书，一起来品尝葡萄酒最令人沉醉的酒香吧！

It only takes a sip to know th
quality of the wine.

Color-Odor-Taste

品酒感官之旅

葡萄酒在开瓶后放置10～60分钟，可增进口感

品酒是一种从眼、鼻到口的全面感官享受，葡萄酒在开瓶以后，应依据其不同类型置于空气中10～60分钟，使酒与空气产生某种化学作用，增进其口感的醇美。

把酒倒入酒杯准备入口前，可先握住杯脚，向外倾斜45°，观看酒内是否有影响其品质的木屑杂物，同时欣赏酒的色泽。品质好的红葡萄酒色泽明亮透净。

欣赏酒色之后可轻晃酒杯，让酒的香气释放出来，并凑近鼻子轻闻，同时判断其味道是否合意。

最后啜饮一口酒，让其停留在口腔中，布满口中的每一处，转动舌头感受味道是酸是甜、是苦是涩，再慢慢咽下；好的酒下肚后，香醇的味道还能在唇齿间停留数十秒。

CHEL PICARD
URGOGNE
NOT NOIR

葡萄酒该如何品尝，
才能体会视嗅触味四觉的层次丰富多变？
好酒愈陈愈香吗？
香槟和气泡酒有何不同？
酒标要如何解读？
认识葡萄酒已经是现代人的通识，
讲究生活品位的红酒高手，
欢迎光临！

Part 1

葡萄酒基础入门

Goblet

酒杯选择学问大

红酒杯的开口要比白酒杯稍大，且杯口略向内收

酒杯的选择以大方、透明、无雕饰花纹的球状或郁金香形状的高脚杯为宜，容量在10～12盎司之间，但实际斟酒时不应该斟满，而以酒杯的一半或1/3为宜，因为在品酒时须摇晃杯身，使酒的香气散布在空气中，若把酒倒满，则晃杯时酒便会溢出来。

红酒酒杯的杯口约略向内集缩以免酒的气味太易流散

高脚杯的设计是为了让饮者在品酒时能紧握酒杯而又不碰触到盛酒之处。紧握酒杯方能自如地摇晃杯身，使葡萄酒芬芳弥漫；不碰触到盛酒之处才不会让手的温度影响到酒的口感。

$6800
$8800
$1800
$5000
MONTRACHET
GRAND CRU
MICHEL PICARD
$12000
$20000
$4800
CONDRIEU
HERMITAGE
Chevalier de Sterimberg
CARL SITTMANN
$1900

葡萄酒可分成以下四种

红葡萄酒 Red Wine

以不去皮的红葡萄直接发酵，其颜色来自果皮，所酿出的酒含大量的色素及单宁。

白葡萄酒 White Wine

以去皮的红葡萄或青葡萄先榨汁后再发酵，其酿造过程与红葡萄酒相似。

玫瑰红 Rose Wine

将红、白葡萄汁混合，在酿造过程中由于发酵时间较短，使用榨汁或出血法，颜色略淡于红葡萄酒，而呈现玫瑰色。

气泡酒 Sparking Wine

以葡萄为原料，在葡萄汁尚未完全发酵即装瓶，使其在瓶中继续发酵，瓶内产生二氧化碳以致开瓶时会有如气泡爆裂般的声响，常见的有白气泡酒、玫瑰红气泡酒，其中在香槟区出产的气泡酒又称“香槟”。

1. 葡萄酒史细说

葡萄酒起源于波斯。

人类种植葡萄的历史悠久，且在文明萌芽初期就已懂得将其酿制成酒，用于许多宗教庆典或医疗保健上。

据考证，葡萄酒起源于波斯，当时的埃及人、希腊人和罗马人运用水和香料，混合高浓度的酒精来酿造葡萄酒，狄奥尼索斯（Dionysus）和巴克斯（Bacchus）分别是希腊和罗马的酒神，而圣经中也曾提及葡萄酒高达500多次。

葡萄树的栽种随着罗马帝国版图的扩大而日益广泛，腓尼基人曾将酿酒技术传授给马赛居民，罗马人则是系统性地在高卢全面推广葡萄树的栽种方法。

公元1世纪，葡萄树的栽种已经遍布隆河河谷（Rhone Valley）；2世纪，勃根地（Bourgundy）和波尔多（Bordeaux）已有葡萄树的培植；3世纪扩大到罗亚河谷（Loire Valley）；到了4世纪，香槟区（Champagne）和摩萨尔河谷（Moselle Valley）处处可见葡萄树。

喜爱蜂蜜酒和大麦啤酒的高卢人很快就成为优秀的葡萄果农，并大量生产深受罗马人青睐的葡萄酒，当时罗马皇帝杜密逊为了保护本国果农，曾下令拔除高卢一半的葡萄树，直到后来的皇帝普洛巴斯对高卢葡萄果农全面授权，才逐渐建立了法国栽种葡萄树的传统。

公元12世纪，法国的葡萄酒开始外销至英、德一带的欧洲国家，成为法国一种特殊的文化，并在接下来的200年随着人口剧增和商业的发展，加快了葡萄酒业的发展。

18世纪时，揽有葡萄酒业大权的僧侣及贵族逐渐失去优越地位，商人及果农成为此行业的完全主导。19世纪因工业革命兴起，铁路的发展使葡萄酒业在法国出现南强北弱的局势，直到今日，法国主要的葡萄酒区仍大多集中于南方。

迷你知识小百科

圣餐酒

葡萄酒和宗教，自古便有着密切的关联，许多宗教仪式上葡萄酒都扮演着不可或缺的重要角色。在天主教弥撒上所用的酒早先规定是必须经由纯葡萄汁的自然发酵，到了1890年，才规定可加入12%以下的天然酒精，但也必须是由葡萄压破后发酵的才可以。酸涩的酒在弥撒中也不被允许，更不能使用钾或酒石酸之类的化学药剂，也不可加糖。1896年，宗教法庭才宣布可在葡萄酒发酵刚停止时加入约17%的糖，以解决其酸涩问题。

2.史上第一杯红酒的浪漫传说

红酒华艳瑰丽的独特气质，勾人无限遐想与传奇。

即使到了现在，专家学者们仍无法完全肯定地指出最早的红酒由来。

是谁发明了第一杯红葡萄酒呢？红酒华艳瑰丽、深回柔靡的独特气质，让人对它的起源赋予了无限浪漫的遐想与传奇。

相传在公元6 000多年前，古波斯帝国有一位嗜爱葡萄的国王，这位国王为了不让别人分享他心爱的果实，于是把葡萄藏在密闭的容器中，并在外面写了“毒药”二字。

国王有一位非常美艳动人的王妃，王妃在国王深情呵护下过着幸福快乐的日子。但随着年华老去，王妃也渐渐失宠，伤心欲绝的她一心求死，恰好在无意中发现了国王所藏的“毒药”，于是她打开容器一口将其中的汁液饮尽。

岂料王妃不但没有死，反而有种陶然微醺的惬意感觉，她将这个发现告诉国王，国王大感惊喜，她也因此再度得宠；加上葡萄酒本身具有养颜美容功效，王妃容貌愈发美丽，从此与国王过着更加甜蜜恩爱、有酒为伴的神仙生活。

迷你知识小百科

为什么葡萄会发酵

为什么国王把葡萄酒藏在密封容器中，却意外地得到了传说中的第一杯红酒？这是因为葡萄果皮上有一层薄薄的果粉，这些果粉上的黏性会使大气中的酵母微生物吸附于果实上，若国王在藏果时无意弄破了果皮，使酵母微生物和果肉中的糖粉接触，产生一种复杂的化学反应，将糖粉逐渐转化成二氧化碳和酒精，最后便会成为可口宜人的红葡萄酒，而这个转化的过程即是我们所谓的“发酵”。

MIS EN BOUTEILLE AU CHATEAU
CHATEAU LAFITE ROTHSCHILD
2001
PAUILLAC
FREEMARK
ABBEY
2001
CABERNET
SAUVIGNON
Napa Valley
MUSCAT

3.希腊罗马的酒神狂欢文化

葡萄酒与狂欢之神代表感性的创造力和浪漫的幻想。

在古老的希腊时期，酒神狄奥尼索斯（Dionysus）是最具代表性的神话人物之一，他代表着感性的创造力和浪漫的幻想，是一种对文明反叛的享乐主义象征，亦是人类疯狂而兽性的一面。

酒神并没有固定的形象，但在人们赋予的性格中他总是时而年少英俊、时而疯狂狰狞，充满着艺术性的多样面貌。

相对于希腊神话中另一个主角——太阳神阿波罗（Apollo），酒神的放纵自由满足了人们对于惯有理性道德的反动和宣泄，而与象征完美明亮的太阳神形成一种相互矛盾却又互补的人性心理结构，两种潜在人类性格中双重的灵魂深度，存在于西方神话与哲学中，对于西方历史文化有着更深远的影响。

一般相信，狄奥尼索斯的诞生可能比阿波罗更早些。在酒神崇拜仪式中处处可见在进入父系社会前，人们对于母系社会的追忆与怀念。据历史考证，酒神崇拜仪式多由女性参与，她们头戴花冠、身披兽皮，沿途疯癫吵嚷，沉浸在一种感官纵欲的享乐中，不加节制。

史料证明，许多希腊城邦中的女性由于生活在男权社会里，长期受到压抑和不平等的对待，从弗洛伊德的心理学角度解释，这些现实生活困窘的女性借着疯狂的酒神崇拜仪式得到心理上的解放与报复。希腊晚期，政府正式颁布酒神崇拜禁令，以遏止这种近乎极端的宗教仪式。

酒神崇拜受禁后，人们改由崇拜太阳神阿波罗的宗教文化，以此得到心理上的满足和慰藉。而端庄秀美、散发着理性智慧和神圣光辉的阿波罗，渐渐地与放荡不羁的狄奥尼索斯形成强烈的对比，奠基了希腊文化既对立又平衡的神话和哲学体系，启发后人醉心的特殊思考。

进入罗马时期以后，酒神的名字换成了巴克斯（Bacchus）；罗马人的好战精神，明显与希腊时期象征自由享乐的酒神大异其趣，酒神的灵魂也变得较狭隘，不似希腊那般充满了玄妙迷离色彩，而与葡萄酒仅有关联性的象征。

4.千古中华的酿酒传奇

7 000年前的神农时期，中国人已懂得酿酒。

中国是以农立国的国家，在传统悠远的几千年历史中，一切经济、政治等兴衰皆与农业生产的丰歉有着密不可分的关系。中国的酒也在这样独特的文化下发展，形成一种以粮食酿酒为主，以果实酿酒为辅的境况。

中国饮酒的起源众说纷纭，莫衷一是，传说在距今7 000多年前的神农时期，人们就已懂得种植酿酒的原料。最著名且为人津津乐道的中国饮酒传说莫过于仪狄和杜康。

“仪”字在上古时期通“娥”，所以推测仪狄是名女子，她在成功酿造出醇美的酒后献给当时的统治者——禹，禹饮后喜忧参半地对仪狄说，此物虽甘美醉人，但后世也必有因贪恋美酒而亡国的事情发生。《世本》是秦汉时期收录帝王公卿谱系的专书，其中也记载了“仪狄始作酒醪，变五味”一事。

而杜康造酒的故事散见历代典籍史篇，至今学者仍无从考证杜康是哪个朝代、哪个地域之人，流传较广的两种说法，一是说陕西的白水县是杜康生殁之地，二是说河南汝阳县和伊川县是杜康酿酒的遗址，至今白水县和汝阳县都分别设有供奉“杜康神”的祠堂，而在此两地出产的酒则被称为“杜康酒”。

杜康造的酒甘美醇厚，是历史上许多风流雅士也难以抗拒的极品，最有名的当属一代枭雄曹操在《短歌行》中写道：“慨当以慷，忧思难忘，何以解忧？唯有杜康。”关于其起源，晋人江统也曾在《酒诰》中云：“酒之所兴，肇自上皇，或云仪狄，一曰杜康。”推测其为中国酒的开山祖。而古书上“杜康醉刘伶”的故事：“天下好酒属杜康，酒量最

大属刘伶……饮了杜康酒三盅，醉了刘伶三整年。”更为这琼浆芳醪增添了许多瑰丽动人的色彩。

5. 红酒白酒说分明

香甜酒和白兰地虽含葡萄原料，却不属“葡萄酒”之列。

法文的Vin和英文的Wine，广义上可泛指所有以果蔬酿制的酒，狭义上则专指以葡萄为原料酿制的酒。葡萄的发酵过程首先是在葡萄中加入酵母和糖，待其热能产生后再加入酒精、一些化合物及二氧化碳。但并非所有含葡萄原料的酒都被称为“葡萄酒”，比如一些添加香料及酒精的香甜酒和蒸馏的白兰地都不属此范围。

一般而言，葡萄酒可分成以下四种：

- 红葡萄酒（Red Wine）：以不去皮的红葡萄直接发酵，其颜色来自果皮，所酿出的酒含大量的色素及单宁。
- 白葡萄酒（White Wine）：以去皮的红葡萄或青葡萄先榨汁后再发酵，其酿造过程与红葡萄酒相似。
- 玫瑰红（Rose Wine）：将红、白葡萄汁混合，在酿造过程中由于发酵时间较短，使用榨汁或出血法，颜色略淡于红葡萄酒，而呈现玫瑰色。
- 气泡酒（Sparkling Wine）：以葡萄为原料，在葡萄汁尚未完全发酵即装瓶，使其在瓶中继续发酵，瓶内产生二氧化碳，以致在开瓶时会有如气泡爆裂般的声响，常见的有白气泡酒、玫瑰红气泡酒，其中在香槟区出产的气泡酒又称“香槟”。

红葡萄酒、白葡萄酒和玫瑰红因为在发酵过程中不保留二氧化碳，装瓶后没有气泡反应，故又称为“静态葡萄酒”（Still Wine）。除了上述四种葡萄酒，有些分类法亦将添加烈酒的葡萄酒归为一类，称“加烈葡萄酒”（Fortified Wine），如著名的西班牙雪莉（Sherry）和葡萄牙波特（Port）皆属此类。

6.高手必知红酒术语

品尝红酒时，常用一些术语来形容其味道的优劣。

- **身型（body）：**决定红酒身型有三个要素，最重要的是酒的重量、葡萄果粒的粗细、葡萄皮的多寡以及酿造出的酒口味之轻重。其次是酒精浓度的高低，影响酒在入口后对口腔刺激的大小。最后是味道的丰富与贫乏，身型愈大的红酒味道也愈丰富。
- **优雅（elegant）：**对葡萄酒整体感最上等的称赞语之一。
- **花香（flowery）：**形容葡萄酒气味芬芳丰富，值得细细去嗅闻，如黑皮诺（Pinot Noir）就因气味比口感更宜人而闻名。
- **水果味（fruity）：**通常中上等的红酒会带着柠檬、梅子等水果的淡香。水果味指酒在这方面的味道非常明显，欧洲等国较追求酿酒细腻柔和的风格，水果味的酒则较常见于美国等新世界国家的酒庄。
- **橡木味（oaky）：**橡木味常存在于以较新的橡木桶酿出的酒或需在酒瓶中存酿多年的葡萄酒中，适当的橡木味可衬托出酒的复杂层次感，但滥用橡木味技术酿酒则会使其味喧宾夺主，掩盖葡萄酒原有的醇香。
- **土香（earthy）：**葡萄酒中带着清雅怡人的土壤气味。
- **蜜糖味（honey）：**较成熟的酒中会略带点蜜糖的甜味口感。
- **易入口（easy）：**形容酒在入口时味道怡人，但没有辨别酒优劣的作用，好酒可能苦涩难咽，相对廉价的酒也可能容易为人所接受。
- **中虚（hollow）：**有些酒在入口时味道丰富，细品时反觉口感消失，吞下肚后又觉有味，中间仿佛经历断层一般，较严重的便被称为中空（empty）。

- **苦涩（bitterness）：** 指酒的味道已超过了适量苦、涩滋味，通常是因为葡萄尚未成熟便被摘下酿酒的缘故。
- **酸（acid）：** 适量的酸可衬出酒的美味，且减轻其涩味。
- **酸爽（crisp）：** 清新怡人，且明显的酸味。
- **鲜酸（fresh）：** 酒在斟入杯时带着恰当的酸味。
- **霉塞味（corky）：** 受感染或处理失当的软木酒塞使葡萄酒带着霉腐气味，较常见于陈年的葡萄酒中。
- **粗糙（rough）：** 酒的整体质量欠佳，太涩、太苦或太酸。
- **均衡（well-balanced）：** 酒的各项要素如口感、酒精浓度、气味等和谐，没有哪方面显得特别突出或不足。

7. 酿造红酒八大步骤

葡萄酒是连同果皮和种子一起发酵。

浓郁香醇的红葡萄酒，在酿造过程中需经八个步骤：

（1）除梗：葡萄采下后必须先除去果梗，其目的是为了避免酿造出的酒苦涩味道过重。

（2）压碎：将葡萄果皮搓破并压碎。

（3）发酵：将酵母菌加入破碎的葡萄中，连同果皮和种子一起发酵，果皮是红酒色素来源，而种子可释放出酒中的涩味。

（4）打汁：将发酵后的葡萄酒以打汁机榨成汁。

（5）发酵：将果皮和种子与葡萄酒分开，仅使“酒”再次发酵，这是决定酒味道的关键步骤，口味不甜的葡萄酒必须经历较长时间使其完全发酵。

（6）除渣：残存的物质会在发酵完成后沉淀，须将其去除。

（7）成熟：将酒装入酒桶间密封，约两年的时间待其成熟。

（8）装瓶：成熟后葡萄酒酿造完成，即可装瓶。

8.酒杯选择学问大

红酒杯的开口要比白酒杯稍大，且杯口略向内收。

古人以“金樽美酒”成词，琼浆玉液搭配高雅杯觥，不但增添饮酒乐趣，也能让葡萄酒的色、香、味获得充分的发挥与展现。

酒杯的选择以大方、透明、无雕饰花纹的球状或郁金香形状的高脚杯为宜，容量在10～12盎司之间，但实际斟酒时不应斟满，而以酒杯的一半或1/3为宜，因为在品酒时须摇晃杯身，使酒的香气散布在空气中，若把酒倒满，晃杯时酒便会溢出来。

红酒酒杯的开口通常比白酒稍大一些，而杯口应约略向内收以免酒的气味太易流散。

高脚杯的设计是为了让饮者在品酒时能紧握酒杯而又不碰触到盛酒之处。紧握酒杯方能自如地摇晃杯身，使葡萄酒芬芳的香气弥漫；不碰触到盛酒之处才不会让手的温度影响到酒的口感。

世界知名的酒杯如瑞迪尔牌（Redel）的葡萄酒杯是酒迷的最爱，其勃根地杯、波尔多杯等皆是质感高、品味独特的艺术品。但名酒杯的价值不菲，初学品酒者常因保存、清洗时的疏忽而将其损毁，建议可先由较廉美的酒杯入门，选择一只让自己心旷神怡的杯子作为葡萄酒的伴侣，是饮酒者的权利与享受。

9. 超内行开酒方法

软木塞的味道可以帮助辨识酒的质量。

大部分葡萄酒的软木塞都是塞在瓶颈里，要将其拔出，基本上需要开瓶器的辅助。

在开瓶以前，首先确定酒瓶放置的地方是否稳固，以不晃动瓶身，避免酒的沉淀物因摇动而漂浮起来为原则。其次要注意开瓶地方的室温是否适当，若以上两点都适宜了，便可开始开酒。

首先是用刀子割去瓶口的金属铅箔封签，有些酒因久放，灰尘、霉等会附着在软木塞上，应先以湿布擦拭。

接着用开瓶器上的螺旋体置于软木塞中央，沿着瓶颈往下旋转，但不要刺穿软木塞，以免金属浸到酒或木屑掉进酒里。

用力将软木塞拔出以后再用湿布擦拭一下瓶口内外，去除霉灰、木屑和金箔包装留下的含铅物质。

软木塞的味道可以帮助辨识酒的质量，若拔出的塞子散发着淡淡的花香、果香，表示瓶内的酒保存良好，可安心饮用。反之，若塞子带着浓重的霉味、酸腐味、硫黄味或木头味，表示酒已经变质，不宜饮用。

10. 品酒感官之旅

葡萄酒在开瓶后放置10~60分钟，可增进口感。

品酒是一种从眼、鼻到口的全面感官享受，葡萄酒在开瓶以后，应依据其不同类型置于空气中10～60分钟，使酒的本身与空气产生某种化学作用，增进其口感的醇美。

一般而言，每种酒必须搁置的时间可依其身型调整，身型大、酒质佳，状态嫩的酒需放较长的时间。

如果想即开即饮，可把酒倒入不同酒杯或专用的容器中，使酒有更大的面积接触空气并进行氧化。判断酒是否已充分氧化的方法，可以每隔一刻钟啜饮一小口，如果觉得每次啜饮的味道仍优于前次则可再多放一会儿。

把酒倒入酒杯准备入口前，可先握住杯脚，向外倾斜45° ，观看酒内是否有影响其质量的木屑杂物，同时欣赏酒的色泽。质量好的红葡萄酒色泽明亮透净；成熟的酒外缘略带着褐色，中央颜色较深；较年轻的酒则大多呈现紫红色。

欣赏酒色之后可轻晃酒杯，让酒的香气释放出来，并凑近鼻子轻闻，同时判断其味道是否合意。

最后啜饮一口酒，让其停留在口腔中，布满口中的每一处，转动舌头感受味道是酸是甜、是苦是涩，再慢慢咽下；好的酒下肚后，香醇的味道还能在唇齿间停留数十秒。

11. 品酒高手四大要诀

葡萄酒入口前可先轻晃杯身，试闻酒的香气。

在专业的领域中，有四大基本要素被用来品评红酒的优劣：

• 香气（aroma/smell）：在葡萄酒入口之前，饮酒者偏好轻晃杯身，先试试酒的气味是否香醇迷人。值得一提的是，有些酒的气味有其“复杂性”，在为时数秒的闻酒过程中，最初、中、尾声的感觉可能有所差异，呈现出多样的层次感。品评酒的气味，可由其复杂性及味道强弱出发，复杂性高、味道强的酒素质也相对较好、价值亦较高。

复杂性（complexity）：和酒的香气一样，好的葡萄酒在入口之后也可以在口腔中品味出其多样的层次感。喝葡萄酒不似喝啤酒那样豪情、干脆，在啜饮之际宜先让酒留在口中一小段时间，用舌头仔细玩赏酒的风格与特性，上好的酒最初会有点黑醋栗味，接着转为草莓味，最后又出现一点儿菠萝味。但不同的酒带来的口感各异，他难以用语言完全精确形容其味道的变化，最主要的还是要靠品酒者亲身细心去品尝。

• 深度（depth）：与酒在口中的复杂性相似，好的葡萄酒在入口到下肚中间应能维持相同味道，有些酒的味道甚至会在汁液停留于口腔时慢慢增强，这时正是细细玩赏饮酒乐趣的时候，等酒过了某个时间后味道递减，再将其吞咽。

• 余韵／回香／收束（length/lingering/after-taste/finish）：好的音乐在演奏结束会余音绕梁，好的酒在吞咽以后会唇齿留香，其甘醇滋味继续对味蕾散发着令人流连忘返的迷醉。

12. 内行品酒看温度

中国台湾属热带及亚热带气候，不适合在室温下饮酒。

品酒时必须在适当的温度环境中，才不会受气温的影响而误判了酒的质量优劣。

欧洲人的传统是在室温下饮酒，因为许多欧洲国家因地理因素气温较低，故选择在较温暖（约18℃）的室内饮酒。

相比之下，一些亚洲国家气候温暖，如中国台湾属热带及亚热带气候，平均一年之中有9个月气温在22℃以上，高温期超过半年，故以欧洲的气温标准来说，“饮酒宜在室温下”是不适当的。目前，葡萄酒专家也拟定了一套品酒的温度标准，供喜爱红酒的人做参考。

葡萄酒	适合温度	说明
轻清身型（light-bodied）	10~15℃	味道较酸，饮用前可先冷藏1~2小时
中等及丰硕身型（medium-bodied a full-bodied）	11~17℃	饮用前可先冷藏约50分钟
上等丰硕黑皮诺（Pinot Noir）	约17.5℃	饮用前可先冷藏约半小时
雪莉（sherry）	约10℃	饮用前可先冷藏1~1.5小时
马德拉（Madeira）	约14℃	饮用前可先冷藏约1小时
玫瑰红（Rose Wine）	约9℃	饮用前可先冷藏1~1.5小时
白酒和香槟	3.5~8℃	饮用前可先冷藏1~2小时
上等香槟	约8℃	饮用前可先冷藏约2小时

13. 贮存红酒的四大条件

未喝完的红酒可将软木塞倒塞，存放于冰箱内。

葡萄酒对外界环境的变化十分敏感，爱酒者如要自藏红酒，对酒存放的地方要相当讲究，以下四点尤其不容忽视。

• 温度：葡萄酒在装瓶后仍会继续成熟，过高的温度使酒因成熟速度太快而变质；温度过低则酒的成熟缓慢不易，影响酒的美味与风格。一般10～14℃是藏酒适宜温度，而选择一个温度稳定的环境也是藏酒的要诀。

• 光度：葡萄酒瓶虽已有隔离光线的设计，但多数的好酒对于光线还是相当敏锐的，灯光和阳光都会降低葡萄酒的质量，收藏酒的地方应选在远离光源和热源的暗处。

• 湿度：过分干燥的环境会使软木塞干裂，开瓶时不易拔起且木屑容易掉进瓶内；太湿的环境则会使软木塞收缩，造成氧气进入酒瓶中，影响酒的质量。70%的湿度是藏酒的理想标准，且应将瓶身横放使酒能湿润软木塞。

迷你知识小百科

葡萄酒的“身型”（body）

一般而言，葡萄酒的身型可简单分成三类：第一类是轻清身型（light-bodied）葡萄酒，如黑皮诺（Pinot Noir）、多切托（Dolcetto）和加美（Gamay）；第二类是中等身型（medium-bodied）葡萄酒，如圣吉优维斯（Sangiovese）、田帕尼欧（Tempranillo）和梅洛（Merlot）；最后一类是丰硕身型（full-bodied）葡萄酒，金粉黛（Zinfande）、内比欧露（Nebbiolo）、席哈（Shiraz）、卡伯芮苏维侬（Cabernet Sauvignon）等皆属此类。初学者可由轻清身型入门，由浅入深找出最适合自己风格的酒种。

• 平稳：贮酒的地方如果常发生震动、摇晃的情形，会促使酒成熟速度过快，影响酒的质量，选择平衡稳定的环境是藏酒的必要条件。

红酒在开瓶后最好能在3天内喝完。而开瓶未喝完的红酒可以将软木塞倒过来，用较细那一端塞回，存放于冰箱内。现在还有人发明了真空酒质保存气，利用氮气喷入未喝完的酒中，把酒瓶里的氧气逼出，可延长酒的保存期限。

14. 葡萄酒愈陈愈香吗？

有些葡萄酒适合久藏，有些适合即饮。

大部分人的观念里，酒是一种愈陈愈香的饮品，古今中外爱酒者更会在家中设一个酒窖，专门存放好酒，待数十年后可成极品，与生命中的知音分享。

然而，有些酒适合久藏，有些适合即饮。一些上等的葡萄酒，如出产于法国勃根地及波尔多的名贵红酒、意大利的金牌奇扬第（Chiantis Riserva）和西班牙的里奥哈（Rioja）红酒、美国加州制造的莉思林（Rieslings）和苏维侬（Sauvignon），这些少数的品种适合陈年；其他的葡萄酒在装瓶后，最佳的饮用时间是1年，最多也不可超过3年。

许多葡萄酒爱好者，宁可品尝最年轻的葡萄酒。最著名的如法国生产的薄酒莱新酒（Beaujolais Nouveau）刚装瓶就有许多货车等在门口，准备将酒运往巴黎，供爱饮新鲜芬芳的酒迷享受即开即饮的乐趣。多数酒店里的薄酒莱都是秋天制造，来年春天便出售。另外，如玫瑰红酒、圣母之乳（Liebfraumilch）和格乌思塔明纳（Gewurztraminer）也都适合趁早饮用，陈年反而使酒变质。

15. 选酒该指定特殊年份吗？

即使歉收时节也可能酿造出质量优良的酒来。

“Vintage”一词作为葡萄酒界的专门语，指的是一些特殊年份葡萄歉收的情形，相比于一些新世界国家，欧洲人更关心丰收季节酿出特优的酒种。

事实上，“年份”是选酒的方法之一，但却不是葡萄酒质量优劣的唯一指针，酒的酿制受到许多因素的影响，即使在歉收时节也有可能酿造出质量优良的酒来，如1997年一直是公认产酒不佳的年份，但这年出产的酒仍有许多在味道、香气、酒精浓度等方面都达平衡的好酒。

在法国，有些酒如香槟和波特酒只有在葡萄丰收年份出产才会在商标上注明年份，美国和德国等也有相似情形；目前，大家公认较好的年份如法国勃根地为：1961年、1966年、1969年、1971年、1976年；法国波尔多：1961年、1966年、1970年、1971年；德国则以1967年、1971年、1976年产的酒质量最优。

16. 破解好酒年份迷思

土壤、阳光、雨量、湿度、霜害等都会影响葡萄的成熟和生长。

在世界各地较有名的葡萄酒生产地区，如西班牙、意大利、美国、阿根廷、澳洲等地，都有着较稳定的气候。而历史悠久的葡萄酒大宗产区——法国则有着较多变的气候。

受地理等因素的影响，法国内陆属于大陆型气候，冬季干冷，夏秋温和，所产的葡萄酒细致优雅，最著名的如勃根地产区即是。法国南岸属地中海型气候，四季阳光普照，如普罗旺斯等地所酿制的葡萄酒也含有较高的酒精成分。而靠近大西洋一带，属于温带海洋性气候，如波尔多产区的葡萄酒又因气候湿冷，拥有较坚实的结构。

由这个实例我们可以知道，即使在同一个年份里，不同地理位置受气候影响也会酿出质量参差不齐的酒，以年份作为定义酒质量的唯一指针，着实有失公允。

事实上，“年份”比我们想象得要复杂许多，它包含了地理、环境等许多条件。葡萄作为一种农作物，不容忽视的是其生长地的“土壤”，一座山的东边和西边可能因土壤质地不同而栽种出质量互异的果实。

“阳光”影响葡萄的颜色、厚度和单宁，阳光不足的地区可使葡萄果皮色素不足，酿出的酒色泽就不漂亮。

“雨量”的适当与否对酒的质量也有很大的影响，种子发芽后，充足的雨水能促进叶子的成长，而采收时雨量太多又会使葡萄酒味变淡。

另外，湿度、霜害、冰雹等天然因素都会影响葡萄的成熟和生长，在同一年份里，不同地区所需考虑的其他条件其实是相当复杂的，只有抛开年份的成见，才能真正以酒的本质去品评酒的优劣，作出正确的选择与判断。

17.点酒礼仪入门

欧洲国家点酒常以产区为准，新世界国家则以葡萄品种划分。

通常来到一家高级的西餐厅，如果想点一瓶红葡萄酒，有一定的步骤和礼仪：

首先看看餐桌上是否有酒单（Wine List），但一般餐厅的酒单会在顾客主动询问后，才由侍者递上。

在浏览过酒单准备向侍者点酒时，应说出酒的品牌或酒庄的名字、葡萄酒的款种和年份。

葡萄酒的款种可能是以产区为划分标准，不同产区有其不同风格，这种分法较常见于欧洲国家。也可能以不同葡萄品种划分葡萄酒的口味，新世界国家较偏好这种分法。而有些餐厅会把同一种葡萄酒再细分不同年份，尤其是出自欧洲的酒，点餐时应一并说明所要酒的年份。

在完成点酒后，侍者会在开瓶前先把酒给顾客过目，确认之后应稍微留意此酒的保存情形，如软木塞是否干裂等，因为在侍者开酒前顾客有权要求更换。

侍者会在顾客同意后当面开酒。在红酒开瓶后，先让其在空气中“呼吸”一小段时间，便可依照前几个单元介绍的品酒步骤进行试酒（若是香槟或白葡萄酒，在品酒前可先请侍者将酒冷藏一下）。

试酒时通常侍者会先倒一小口酒在杯中让顾客试饮，确认没有变质后便可示意侍者斟酒，其量约为酒杯的1/3。如果发现酒已经变质，较高级的餐厅会接受顾客退换要求，但普通的餐厅也可能拒绝。

侍者斟酒时酒标应对着顾客，这是为了避免倒酒后瓶口的余液滑下弄脏酒标。熟练的

倒酒者不会在倒完酒后立即拿直酒瓶，而是一面轻旋、一面将瓶身提起，使原本可能滴下的酒留在瓶口上。

迷你知识小百科

〈点酒练习〉

练习一：

在酒单上看到一支法国波尔多葡萄酒写着："Chateau La France，Medoc，Cru Bourgeois，1995"

这时，先念出酒庄名字"Chateau La France"，再念出酒的款种"Medoc"，最后念出年份"1995"。至于"Cru Bourgeois"是法定评比里"高级酒"的意思，可略过。

练习二：

在酒单上看到一支智利出产的酒："Carta Vieja Merlot，Manle，1998"

先念出酒庄名"Carta Vieja"，再念葡萄品种"Merlot"，最后是年份"1998"。"Manle"是产区名，在新世界酒可以略过，但若酒单中有其他酒庄、品种、年份都相同的酒，就可念出产区名字以作区别。

18. 愈夜愈美的酒吧文化

某些城市的酒吧是日常生活不可或缺的社交场所。

酒吧，西方国家人群聚集喝酒的地方。在洋文中，PUB和BAR的界线并不是相当明确，大体而言，BAR通常场地较小，一个吧台搭配几个座位，酒种和食物的选择较有限，环境也比较单纯。而PUB则大些，活动及食饮也比较多，有些PUB会附设台球或飞镖场，规模大些的可能还有舞厅，人们在这儿聚会休闲，把酒言欢，享受夜生活的华丽情调。

酒吧起源于西方，一个提供人们消磨时间、排遣寂寞、结识朋友、娱乐放松的场所。不同于白日明亮色调的忙碌与清醒，夜的隐秘幽雅给人一种舒压的独特魅力。酒吧正是向往夜生活的人的好去处。

不同的酒吧有着不同的风格，无论另类叛逆、奢华高贵或怀旧古典，都成为夜的美丽点缀。

音乐是酒吧中不可缺少的灵魂之一，爵士、摇滚或民谣曲调，尽可满足不同品味、不同心情的顾客。而充满个性的装潢让饮酒者仿佛远离正轨生活，来到一个可以完全卸除心防与面具的异域，与美酒、音乐为伴。

酒吧里有专业的调酒师为顾客调制精致饮品，也有些纯正的洋酒、软性饮料及热食供应。

在某些城市，酒吧是日常生活不可或缺的社交场所，有人说，酒吧不只是纵欲享乐的地方，更是一种体现生活态度与时间的标志。至于酒吧是否真是一个富含文艺内涵与人文深度的艺术场合，也是个见仁见智的问题了。

19. 美酒佳肴巧妙配

传统多以白酒搭配白肉或海鲜，红酒则搭配红肉及野味。

从健康的角度来看，喝酒时空腹有害身体健康。从饮食的乐趣出发，好酒配上佳肴，更是一大享受。

什么酒配什么食物并没有一定法则，主要依个人口味偏好进行选择。传统习惯多以白酒搭配浅色肉类或海鲜，红酒则搭配深色肉类及野味。但肉类颜色深浅也非配酒一定指标，举例而言，美国人习惯以红酒佐鸭肉，因为辛烈的红酒对肥鸭有去油解腻效果。在法国，鸭子比较瘦，白酒、红酒都是很好的佐饮。

猪肉和鸡肉口感细嫩，清蒸或快炒的调理方式可搭配各式葡萄酒，如果以碳烤调理，红酒则更适合一些。

鱼类和海鲜可搭配香槟或不甜的白酒，如松赛尔（Sancerre）、隆河（Rhone）、保利芬美（Rouilly-Fume）、蜜思卡岱（Muscadet）都是不错的选择。

广式点心如果是油炸或清蒸，可配上白酒或香槟，如果是烧鸭、芋头鱼之类，可搭配隆河、波尔多、特级薄酒莱（Beaujolais Crus）等红酒。

牛肉烩面可以配上浓郁的波尔多或其他品种的红酒，若是较清淡的海鲜面则可选择白酒或香槟。

辛辣油腻的四川菜如果是以海鲜或白肉为食材，宜选择清新的白酒或香槟，若是其他食材则可搭配吉冈达（Gigondas）、罗地丘（Côte Rotie）、赫米特吉（Hermitage）、教皇新堡（Chateauneuf-du-pape）等红酒。

香菇是红酒的最佳配食，中稠度到浓郁的红酒如隆河、特级薄酒莱、勃根地和波尔多红酒都很适合。

20. 不可不知的法国五大酒庄

梅铎、圣特美隆、柏美洛、苏岱和格拉夫是法国五大酒庄。

“酒庄”一词的起源，至今仍找不到确切的定论，在法文中，“Chateau”指规模雄伟的建筑，如豪宅、宫殿及城堡，英文直接借用来等同mansion；而在葡萄酒界，法国波尔多产区对此单词有较明确的讲究与要求。

“酒庄”的概念在逐渐转化后，成为酿酒坊、葡萄园以及一些与葡萄酒酿造有关的建筑园地。

在法国，著名的五大酒庄是世界各地葡萄酒爱好者耳熟能详的：

- 梅铎（Medoc）：面积 32 110 英亩，世界产量最高的葡萄酒产区，是波尔多红酒的代表产地，上梅铎的几个乡社（commune）包括了许多世界闻名的酒庄。
- 圣特美隆（St.Emilion）：面积12 676英亩，产酒量是整个梅铎区的2/3，含有70多个世界顶级酒庄。
- 柏美洛（Pomerol）：面积1 803英亩，波尔多面积最小的红酒产区，导致所产的酒因量少而十分昂贵。
- 苏岱（Sauternes）：面积 3 499 英亩，这一产区提供了游客品酒的葡萄酒之家（Maison des Vins），深受游客的喜爱。
- 格拉夫（Graves）：面积 5 992 英亩，1987年在法国北部划分的一个特定产酒区，约有12家优质红酒酒庄。

以上五大酒庄中，梅铎、圣特美隆和柏美洛只生产红酒，苏岱只产甜白酒，格拉夫则生产红酒和不甜白酒。

21. 健康饮酒卡卡计较

葡萄酒只需经发酵、陈年，不需蒸馏，所以有较高的营养价值。

酒是一种含有高热量、本身却缺少食物营养价值的饮品。在经过胃壁和小肠之后，酒精会直接进入、停留于血液中，直到完全被氧化。酒精以平均每小时1/3盎司的速度被人体排出，纯酒精能被血液完全吸收，其他成分则经由平常消化系统来处理。

相比于蒸馏酒，葡萄酒因只需经过发酵、陈年，不需蒸馏，所以有较高的营养价值，但在饮用时仍需考虑酒精中所含热量，以免造成身体的负担，下表为葡萄酒热量计算：

品种	计量单位（盎司）	热量（卡）
波尔多红酒（Bordeaux Red）	4	67
波尔多苏岱甜酒（Bordeaux Sauternes）	4	135
波尔多格拉夫酒Bordeaux Graves	4	80
加州白酒（California White）	4	72
加州红酒（California Red）	4	75
勃根地白酒（Burgundy White）	4	73
勃根地红酒（Burgundy Red）	4	70
美国波特酒（Port U.S.A.）	2	77
葡萄牙波特酒（Port Portugal）	2	86
美国雪莉酒（Sherry U.S.A.）	2	72

品种	计量单位（盎司）	热量（卡）
干雪莉酒（Sherry dry）	2	64
甜雪莉酒（Sherry sweet）	2	72
天然香槟（Champagne Brut）	4	85
特干香槟（Champagne Extra dry）	4	117
摩萨尔（Moselle）	4	67
杜邦纳（Dubonnet）	2	64
夏布里斯（Choablis）	4	70
圣母之乳（Liebfraumilch）	4	95
马德拉（Madeira）	2	65
干苦艾酒（Vermouth dry）	2	55
甜苦艾酒（Vermouth sweet）	2	87

POINT

在餐厅点酒时，应依序说出酒的品牌或酒庄的名字、葡萄酒的款种、年份。开瓶后，先让酒在空气中“呼吸”一小段时间，再晃动酒杯以鼻闻酒香，而后入口，品尝酒的复杂性、深度和余韵。若是香槟或白葡萄酒，在品酒前可先请侍者将酒冷藏些许时间。

许多饮酒风气兴盛的西方国家如法国、西班牙等，
人们把酒当作日常食品，
因而酗酒闹事的案例也较少见。
据研究，1夸脱（约等于0.96升）
葡萄酒含有相当于1磅面包、20盎司牛奶
或1磅肉类的营养成分，
适量而正确的饮用，对健康、养生都极有帮助。

Part 2

葡萄酒养生健康指南

1. 葡萄美酒回春抗癌

每天饮用2~3杯葡萄酒为适量。

根据法国1998年的一项统计结果，每天饮用适量（2～3杯）的葡萄酒可降低49%癌症及心脏病的死亡率，并减少3/4的老年痴呆，65岁以上的老人常饮红酒可减缓衰老速度达80%。最新医学研究表明，红酒对人体有以下几种帮助：

（1）预防心血管病。血液中的HDL（高密度脂蛋白，即所谓好的胆固醇）能够将胆固醇转移到肝脏内进行代谢作用，红酒具有提升HDL的功能，进而达到降低血胆固醇、预治动脉粥样硬化的功效；且其中的多酚化合物能在饮用18小时后持续抑制血小板凝聚、防止血栓的形成。

（2）多喝红酒可防癌。葡萄中所含的白藜芦醇（Resveratrol）能抑制癌细胞扩散，并防止正常细胞突变。

（3）减缓衰老。“氧自由基”是一种细胞核外不成对电子的活性基因，容易引起化学反应，使DNA、脂质和蛋白质等生物分子受损，影响细胞膜的运转，并促进人体老化，红酒中含有丰富的抗氧化剂，能对抗氧自由基，进而达到防病抗老的作用。

此外红酒还有养颜美容的功效，古世纪法国宫廷的贵妇常以陈年红酒敷面，使皮肤更加光泽、细致，而其低浓度果酸更具有抗皱洁肤的妙用。

Red wine and
Health

红酒多酚保健心脏

红酒中的多酚是强效的抗氧化剂

研究人员假设：法国人抽烟喝酒、毫无节制地大吃高脂美食，患心脏病的比例却是全世界最低的国家之一，这归功于每餐1~2杯的佐餐葡萄酒。

红酒中所含的“多酚”是一种高效的抗氧化剂。

LDL（低密度脂蛋白）若遭氧化或腐坏，会促使动脉壁斑块的产生，阻碍血液对氧气的输送，进而引起心脏病。红酒多酚能够有效减缓血液的凝结速度，达到预防心脏病的功效。

2. 红酒多酚保健心脏

红酒中的多酚是高效的抗氧化剂。

研究人员假设：法国人抽烟喝酒、毫无节制地大吃高脂美食，患心脏病的比例却是全世界最低的国家之一，这归功于每餐1~2杯的佐餐葡萄酒。

红酒中所含的“多酚”是一种高效的抗氧化剂。

LDL（低密度脂蛋白）若遭氧化或腐坏，会促使动脉壁斑块的产生，阻碍血液对氧气的输送，进而引起心脏病。红酒多酚能够有效减缓血液的凝结速度，达到预防心脏病的功效。

对于心脏病患者，红酒也能帮助改善病情。瑞典的科学家曾进行一项实验：记录102名75岁以下，曾患心脏病的幸存者或做过心脏动脉手术的女性每天的饮酒量，并于一年后追踪每位受试者的心电变异（HRV）情形及24小时内的心电图。

HRV值是监测心跳的间隔时间，其值愈低表示心脏愈不健康。结果发现：每天适量饮酒的受试者，其HRV值最高，滴酒不沾者的HRV值则最低。

科学家们进一步研究发现，HRV值最高的饮酒者多是饮用葡萄酒，而烈性酒和啤酒则与HRV值没有太大关系。

Red Wine Polyphenols

Red wine is something that keeps womens' body in shape as well as their skin conditions.

RED WINE MASK

Now more people use red wine for conditioners.

brain

饮酒健脑

每天适量饮酒，比滴酒不沾者减少23%智力衰退的可能

科学家发现，葡萄酒和啤酒对人类大脑的功能有相当的帮助，年迈的妇女如果每天适量饮用葡萄酒或啤酒，可以预防老年痴呆及智力衰退。

流行病学专家推测，酒精具有促进血液循环功能，人体血流健康，感知器官也相对得到保护，大脑认知功能提高，并进一步减少无症状中风的可能。

MICHEL PICARD
2005
BOURGOGNE
PINOT NOIR

3. 饮酒健脑益智

每天适量饮酒，比滴酒不沾者减少23%智力衰退的可能。

科学家发现，葡萄酒和啤酒对人类大脑的功能有相当的帮助，年迈的妇女如果每天适量饮用葡萄酒或啤酒，可以预防老年痴呆及智力衰退。

美国哈佛大学公共卫生学院流行病学专家曾做过一项实验：针对12万名70～80岁的妇女进行长期观察研究，记录她们在一分钟内能说出的动物名称、倒背长串的数字、记忆信息等能力，研究人员随后在《新英格兰医药杂志》发表其结果，显示每天适量饮酒的受试者，其智力衰退的风险比滴酒不沾者低23%，而饮用葡萄酒和啤酒的结果并没有显著差异。

流行病学专家推测，酒精具有促进血液循环功能，人体血流健康，感知器官也相对得到保护，大脑认知功能提高，并进一步减少无症状中风的可能。

但目前医学界并不鼓励人们以建立饮酒习惯来提升智力和记忆力，更警告人们不可为此染上酒瘾、危害健康。

4.白藜芦醇有益心血管

红酒防止动脉硬块形成的功效是白酒的5倍。

白藜芦醇是一种非黄酮类多酚化合物，专家鉴定葡萄类植物受到紫外线照射及真菌感染等外界不利条件下便会产生这种植物抗毒素。天然的白藜芦醇发现于葡萄皮、中药虎杖等70多种植物中，以反式和顺式两种同分异构体存在，目前已证实对人体有减少血小板凝集、抗衰老、调节低密度脂蛋白LDL比例、保护心血管、降低冠心病和血脂发病率等功效，未来希望能进一步研发成为抗癌的天然药材。

医学界认为红酒有益心血管疾病，大多是因为其中含白藜芦醇之故，事实上，除了白藜芦醇，红酒中含有类黄酮（flavonoids）也能改善心血管功能。对于白藜芦醇抑制血栓形成和类黄酮降低血脂，国际间则经常发生论战。

大体而言，红酒已证实具增加好胆固醇、降低血小板、改善血脂、抑制血栓等功能，而丰富的抗氧化物更是保健心血管、预防心脏病的一大功臣。

《美国营养学院期刊》（Journal of the American College of Nutrition）曾在1994年4月报道，红酒防止动脉硬块形成的功效是白酒的5倍，这也是白酒对于心血管病症的防治较红酒弱的原因。

5.多酚家族的长寿奥秘

葡萄酒中含多酚类的白藜芦醇，经证实可延长细胞寿命。

对酵母细胞及哺乳动物而言，降低热量的摄入能有效延长寿命，近期科学家研究出一项更易长寿抗老的办法，即适量地饮用红葡萄酒。

美国哈佛大学Howitz等指出，葡萄酒、花生等食品中含有能够限制热量，进而延年益寿的化合物，可帮助医学界制造出延缓衰老的药物。这种“白藜芦醇化合物”可延长酵母细胞的寿命达70％～80%，并使其分裂次数由原来的25次增加到40次。科学家证实这一功效也适用于多细胞生物如果蝇、虫类，并已着手以老鼠进行实验，未来希望能研发出使人类防衰长寿的新方法。

白藜芦醇是多酚化合物之一，研究显示，生长在澳洲、智利、西班牙、阿根廷等地的葡萄，由于植物本身需对抗较为恶劣的自然环境，所产生的白藜芦醇也比其他地域含量高，用以制酒对人体健康相当有益。

迷你知识小百科

106岁老人的长寿秘诀

居住在中国龙口市的106岁老妇张述福，从100岁开始便有酌饮山枣蜜酒及葡萄酒的习惯。张述福的儿子杨福祥表示，“述福”原是父亲的名字，40多年前父亲过世，母亲为纪念丈夫才将名字改为张述福。

张述福生活于农业家庭，平日粗茶淡饭，对饮食并没有特别的讲究，但她6年来以酒代水，不但身体健康长寿，且思维清晰、表达力强，虽已达106岁高龄平日还能自己生火煮饭。

6.延年益寿的老人牛奶

葡萄酒含24种氨基酸，可补充人体必需的营养。

在法国，人们习惯把葡萄酒称为“老年人的牛奶”，据说在波尔多梅铎地区的老年人因为将葡萄酒列为每日必需的食物，寿命达80岁以上者高出其他区域的两倍，每年庆祝金婚纪念的夫妇亦比其他区域多出许多。

葡萄酒中含有24种氨基酸，可补充人体必需的营养物质。来自于葡萄原汁的有机酸成分，如葡萄酸、苹果酸、柠檬酸，对中枢神经的调节、活血舒筋很有帮助，是大量用脑工作者的最佳选择。

很久以前，欧洲的医生便广泛使用酒来治病，在病患复原期，酒中丰富的矿物质很容易被消化系统吸收，达到对体质孱弱、贫血者的养病疗效。

轻度葡萄酒（Light Wine）含丰富维生素B、维生素C，可帮助消化、调节内分泌、增强身体的活力。红酒中则富有糖类、蛋白质及维生素等人体不可或缺的三大营养物质；多酚的成分则可预防心血管疾病、老年痴呆和动脉硬化等疾病。

由酒类的化学结构分析，其中所含的酸类、酒精和微量矿物质都具有滋补养生之功用。

Pianrosso
BRUNELLO di MONTALCINO
2001

浅酌红酒卵巢癌不再来

每天饮1~2杯红酒可降低7倍卵巢癌的风险

过去医学界相信，饮酒过度会增加妇女患乳腺癌的风险，但根据澳洲昆士兰医学院最新一项研究资料显示，红酒对于预防女性卵巢癌有相当的预防作用，且只要控制饮用量，便不会提高乳腺癌发生的几率。

7. 浅酌红酒卵巢癌不再来

每天饮1~2杯红酒可降低7倍卵巢癌的风险。

过去医学界相信，饮酒过度会增加妇女患乳腺癌的风险，但根据澳洲昆士兰医学院最新一项研究数据显示，红酒对于预防女性卵巢癌有相当的预防作用，且只要控制饮用量，便不会提高乳腺癌发生的几率。

昆士兰医学院研究小组邀请了将近1 500名志愿者参与实验，其中约700人是卵巢癌患者，其他则未患有任何癌病相关疾病。

经过一段长时间持续的观察和记录，研究人员发现定时适量地饮酒确实能够降低卵巢癌发生率，且其中又以红葡萄酒的效果最为显著，每天饮1～2杯的红酒比不喝酒的女性患卵巢癌的风险约小7倍。

迷你知识小百科

妇科疾病

死亡率第一的卵巢癌

卵巢癌是妇女十大癌症之一，且其死亡率在妇产科中位居第一，长期以来一直是妇女的一大威胁。

卵巢癌多发生于50岁以上的更年期妇女，初期症状并不明显，因此很难早期发现、治疗。医学界经过30多年的努力发现有10%是家族性卵巢癌症候群，但其余90%则仍无法得知确切病因。因此若有家族病史，未曾怀孕的50岁以上妇女更应特别当心。

URGOGNE
NOT NOIR

Resveratrol
天然多酚乳腺癌杀手

啤酒的黄腐酚、红酒的白藜芋醇和茶多酚能抑制乳腺癌细胞生长

多酚化合物主要为类黄酮，具有预防病毒、癌症、心血管等疾病的功效已被医学界证实。红酒经测验含有250多种成分，其中的氨基酸、矿物质、维生素、白藜芋醇多酚化合物皆对人体有益。

8.天然多酚乳腺癌杀手！

啤酒的黄腐酚、红酒的白藜芦醇和茶多酚能抑制乳腺癌细胞生长。

许多年前美国梅奥门诊癌症中心（Mayo Clinic）研究发现，有乳腺癌近亲患者的妇女若有饮酒习惯，其患乳腺癌几率会增加一倍以上。该中心流行病学教授托玛士·塞勒斯（Thomas A. Sellers）说：“饮酒使有乳腺癌家族史的患病风险提高。”

但葡萄牙最新研究则提出了完全相反的意见。这项研究发现，来自茶叶、啤酒和红酒中的三种多酚化合物能有效抑制乳腺癌细胞的生长和扩散。

多酚化合物主要为类黄酮，具有预防病毒、癌症、心血管等疾病的功效已被医学界证实。红酒经测验含有250多种成分，其中的氨基酸、矿物质、维生素、白藜芦醇多酚化合物皆对人体有益。

根据欧盟研究总署（Directorate——General for Research）调查结果，乳腺癌是欧洲女性最常见的癌症，平均每10位女性便有一位是乳腺癌患者。葡萄牙波尔图（do Porto）综合大学研究人员发现，啤酒中的黄腐酚（xanthohumol）、红酒中的白藜芦醇和茶多酚（EGCG-Epigallocatechin Gallate）三种多酚化合物在经过测试之后，能明显减少乳腺癌细胞的成长，且对正常细胞不会产生毒素。

三者中啤酒的黄腐酚最具潜力，能在低剂量使用后发挥明显效果；茶多酚作用虽然较弱，但毒性低的优点可以高剂量使用达到疗效。

MICHEL PICARD
2005
BOURGOGNE
PINOT NOIR
DU DOMAINE VOARICK

餐餐佐酒免食物中毒

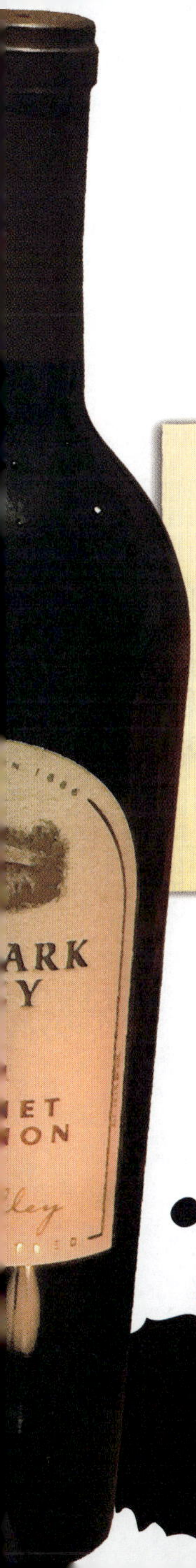

葡萄酒比其他酒类更可有效预防中毒

营养学家表示，烈酒中的酒精可促进胃酸分泌物的分泌，而葡萄酒具有对抗细菌的成分，比其他酒类更可有效预防中毒。

酒精的化学名称为“乙醇”，是一种高热量无营养的化合物，在胃分泌的乙醇脱氢酶作用之下，95%的酒精会先转化成乙醛，然后与乙醛脱氢酶相互氧化之后，转化成乙酸，最后分解成水和二氧化碳，释放出使人体发热的热量。

9.餐餐佐酒免食物中毒

葡萄酒比其他酒类更可有效预防中毒。

1992年大陆曾发生一起牡蛎中毒事件，中毒者因食用了带有甲型肝炎病毒的牡蛎而引起肝炎；此后专家发现，正餐中佐以10%酒精浓度的酒饮可预防因食物中毒引起的疾病恶化。接着在2002年的沙门氏菌中毒事件中，科学家亦发现，因服用了变质马铃薯色拉和金枪鱼的中毒者中，曾在餐中佐以葡萄酒、烈酒和啤酒者的中毒比例最低。

营养学家表示，烈酒中的酒精可促进胃酸分泌物的分泌，而葡萄酒具有对抗细菌的成分，比其他酒类更可有效预防中毒。

酒精的化学名称为“乙醇”，是一种高热量无营养的化合物，在胃分泌的乙醇脱氢酶作用之下，95%的酒精会先转化成乙醛，然后与乙醛脱氢酶相互氧化之后，转化成乙酸，最后分解成水和二氧化碳，释放出使人体发热的热量。

乙醛脱氢酶的活性强弱在不同人的体质中有所差异，近1/2的东方人体内的乙醛脱氢酶活性较弱或缺乏，若乙醛无法在人体中有效分解，而导致蓄积在血液中达0.1%便会使人失去自制力，0.2%便会烂醉，长此以往则容易引发一些疾病。

10.正确饮酒三大关键

烟熏食物含大量亚硝胺，以之下酒会伤肝并引发癌症。

喝酒有益还是有害健康，在于饮酒方式的不同，如何一面享用美酒，又能将酒精危害减到最低，甚至使其成为有益身体的营养物，有以下关键问题必须注意：

- **饮酒时切忌空腹：**在饮酒前先吃些东西垫胃，才能将酒精对肠胃及肝脏的损害减到最低。含高蛋白及维生素的食物，如瘦肉、蔬菜、豆类和蛋类是最佳的佐酒食品；反之，烟熏食物如腊肉、香肠等，含有大量的亚硝胺及色素，与酒精发生反应后，不但伤害肝脏、损害口腔与食道黏膜，甚至会引起癌症，应尽量避免。
- **适量的饮酒：**酒精在进入胃之后，95%会分解成水及二氧化碳，速度为175 mg/（kg·h）。以 48 度的酒精换算，一个约 70 千克的人每小时可饮大约 32 毫升。
- **酒的品种选择：**酒可分为蒸馏酒及酿造酒，前者无益于健康且容易损害肝脏；后者如红酒、啤酒、黄酒，含有糖类、氨基酸及多种维生素，能提供人体所需的8种氨基酸，是较佳的酒种选择。

11.餐后饮酒开胃助消化

饮酒后1小时，体内的胰岛素会增加。

葡萄酒是一种低度酒，大多为12～16度，酒中含有丰富的维生素及锰、硒、钼、锌等微量元素，可补充人体所需营养物质，白藜芦醇则可降低三酸甘油酯及胆固醇，每天饮用约200毫升红酒可防止动脉硬化。

饮酒时机和佐酒菜的选择对饮酒者的健康皆有着重要的影响，中国著名的中医学专家姜春华教授表示，酒能促进食欲、开胃助食，从而达到营养摄取的功效。

曾有从事内分泌研究的生理学家进行这样的实验：人在饮用适量的酒后约1小时，体内的胰岛素含量比饮酒前增加许多。胰岛素是胰脏所分泌的消化性激素，对人体健康有着重要的影响。

随着年龄的增长，人体的消化功能会逐渐衰退、老化，用餐时适量的饮酒不但增进食欲，也可促进胰岛素的分泌，改善消化系统内各种消化液的分泌，并提高肠胃对食物养分的吸收及消化，因此年长者以酒佐餐，是弥补消化系统功能不足的不错选择。

FREEMA
ABBEY
2001
CABERNE
SAUVIGNO

男性饮酒防血栓

男性每周适量饮酒3次以上可降低心肌梗塞发生率

90%的心肌梗塞是由血脂异常、糖尿病、高血压、肥胖、压力过大、缺乏运动、果蔬类食物摄取不足、酗烟、酗酒等因素所引起。其中前四项皆与代谢症候群有关。

科学家经长达12年的调查发现，**男性每周饮酒3～4次，且每次只饮一杯，**患心肌梗塞的几率最低，比每周饮酒一次以下或滴酒不沾者约低31%。**因适量饮酒会提高人体内高密度脂蛋白HDL含量，稀释血液、预防血栓形成。**而人体可迅速分解少量的酒精，其对红血球的影响也十分短暂。

12.男性饮酒防血栓

男性每周适量饮酒3次以上可降低心肌梗塞发生率。

90%的心肌梗塞是由血脂异常、糖尿病、高血压、肥胖、压力过大、缺乏运动、果蔬类食物摄取不足、酗烟、酗酒等因素所引起。其中前四项皆与代谢症候群有关。

“代谢症候群”是多种代谢疾病如糖尿病、高血压等集于体内的统称，患者患心脏病的比例高出常人3.7倍，发生心肌梗塞及中风的风险则增加3～5倍。

近年心肌梗塞的患者有愈来愈年轻化的现象，中年人发病时由于没有先兆，突然发病的死亡率更高。据研究，约有1/4心肌梗塞患者于第一次发病时便猝死。发作时胸骨后心前区会出现持续疼痛，通常会延续半小时以上，其疼痛程度高于一般的心绞痛，患者会有大汗、四肢无力等症状。另一种心肌梗塞患者可能会有胃痛、头痛、牙痛、呕吐、哮喘等情况。只有极少数患者未出现自觉性疼痛的现象。

美国哈佛大学在2003年由流行病学专家研究指出，每周饮酒3次以上的男性可降低心肌梗塞发生率，红酒、白酒、啤酒、烈酒都有相同的效果。

科学家经长达12年的调查发现，男性每周饮酒3～4次，且每次只饮一杯，患心肌梗塞的几率最低，比每周饮酒一次以下或滴酒不沾者约低31%。因适量饮酒会提高人体内高密度脂蛋白HDL含量，稀释血液、预防血栓形成。而人体可迅速分解少量的酒精，其对红血球的影响也十分短暂。

ESTABLISHED IN 1886
FREEMARK ABBEY
2001
CABERNET SAUVIGNON
Napa Valley

FREEMARK
ABBEY
2001
CABERNET
SAUVIGNON
Napa Valley
CHATEAU LAFITE ROTHSCHILD
2001
PAUILLAC

红酒防胃溃疡有一套

每天喝2~5杯红酒减少感染幽门螺旋杆菌的比例约10%

胃溃疡属于消化性溃疡的一种，患者的胃壁上出现裂痕或破洞，80%以上的患者会有腹部灼热、疼痛、闷痛或饥饿的感觉，每次疼痛持续半小时以上，在进食后能暂时止痛，但其实胃已受到损害。

英国专家在《胃肠学杂志》上发表文章说红葡萄酒可降低感染幽门螺旋杆菌的比例约10%，若再适度增加饮酒量，则可再降低约5%的感染率。但专家同时亦郑重声明，已患胃溃疡者因胃部已受到伤害，切忌再饮用酒类，否则酒精刺激胃部神经，或促进胃酸产生，会使情形更加严重。

良药甜口的葡萄酒疗法

男性一天4杯、女性一天2杯红酒为宜

1995年丹麦哥本哈根的一项医学研究分别对烈酒和葡萄酒进行测验，分析它们对人体健康所产生的影响，结果发现葡萄酒除了有助心血管疾病，也有减缓压力、舒缓情绪等作用。男性每天约饮4杯、女性约饮2杯红酒或白酒，可降低50%心脏病的发生率；反之，常饮烈酒者的疾病发生率则会提高30%。

13.红酒防胃溃疡有一套

每天喝2~5杯红酒可减少感染幽门螺旋杆菌的比例约10%。

胃溃疡属于消化性溃疡的一种，患者的胃壁上出现裂痕或破洞，80%以上的患者会有腹部灼热、疼痛、闷痛或饥饿的感觉，每次疼痛持续半小时以上，在进食后能暂时止痛，但其实胃已受到损害。

胃袋中的消化素、胃酸及胃黏膜会分泌出保护液，维持胃液的平衡，如果胃酸过多、黏液太少，便会造成胃溃疡。目前医学界已证实“幽门螺旋杆菌”是造成胃溃疡的罪魁祸首。5%的患者会溃疡穿孔，甚至穿透肝脏、胰脏或胆管；2%的患者会有胃出口阻塞的现象发生。

英国专家在《胃肠学杂志》上发表文章说红葡萄酒可降低感染幽门螺旋杆菌的风险，研究人员针对将近5 000名成年男女进行长期的追踪调查，发现每天饮2～5杯红酒的人比滴酒不沾者感染幽门螺旋杆菌的比例约下降10%，若再适度增加饮酒量，则感染率可再降低约5%。

但专家同时亦郑重声明，已患胃溃疡者因胃部已受到伤害，切忌再饮用酒类，否则酒精刺激胃部神经，或促进胃酸产生，会使情形更加严重。

14.良药甜口的葡萄酒疗法

男性一天4杯、女性一天2杯红酒为宜。

1955年丹麦哥本哈根的一项医学研究分别对烈酒和葡萄酒进行测验，分析它们对人体健康所产生的影响，结果发现葡萄酒除了有助心血管疾病，也有减缓压力、舒缓情绪等作用。男性每天约饮4杯、女性约饮2杯的红酒或白酒，心脏病和癌症的发生率可分别降低50％和25％；反之，常饮烈酒者的疾病发生率则会提高30％。

澳洲的菲利蒲·诺里（Dr. Philip Norrie）有“葡萄酒医生”之称，他表示，人类把葡萄酒当作良药由来已久，他也在1968年设立“彭达瓦酒庄”（Pendarves Estate），结合专业和兴趣，在行医之外自种葡萄、酿酒贩卖，并撰写许多葡萄酒相关的健康书籍，各地巡回演讲，推广所谓的“葡萄酒疗法”（Oenotherapy）。

诺里医生强调，饮酒必须适时适量，某些疾病患者、酒精过敏者应避免饮酒。以1杯约150毫升含10克酒精的葡萄酒估算，男性一天以4杯为宜，女性则以2杯为宜，因为女性体内的脱氧酶（dehydrogenase）是男性的1/2。若超过此限，则会对身体产生危害。

诺里医生建议病人每天多运动、多吃蔬果，很多人可能很难做到，或为其所苦，不如建议他们每天喝些葡萄美酒，以这些“不苦良药”治病养生，不论白酒或红酒皆有相同的效果。

他还呼吁，预防胜于治疗，年轻时便可开始喝葡萄酒；至于每天都要喝的原因是，葡萄酒中的凝结剂及抗氧化剂的作用仅可维持24小时。

15.六种中药解酒速效

葛根花可解酒毒，缓和头晕、恶心和胸膈饱胀。

饮酒过量、喝醉所引起的身体不适，在中医里称为“酒毒”，历代医生研究发现，一些中药可调解饮酒过度引发的不良影响，此说法目前在医学界尚待进一步确认。

一是菊花。《药鉴》记载：“（菊花）解醉汉昏迷，易醒，共干葛煎汤。”菊花养肝明目、清热解毒，且具疏散风热之功效。

二是竹茹。竹茹可止痰清热、除烦止呕，对胃热或痰热所引起的呕吐有很好的减缓效果。

三是枳椇子。《滇南本草》言枳椇子可“治一切左瘫右痪、风湿麻木，能解酒毒”。枳椇子对酒醉、呕吐、口渴、烦热等有一定的疗效。

四是草果。《本草》曾引李杲云：“（草果）温脾胃、止呕吐、治脾寒湿、寒痰……消宿食、解酒毒，果积，兼辟瘴解瘟。”草果气味芬芳，能除痰祛疟、散寒止吐。

五是高良姜。《本草从新》言其：“暖胃散寒、消食醒酒，治胃脘冷痛。”高良姜可止吐温中、散寒止痛。

六是葛根花。《脾胃论》曾记载葛根花解醒，“醒”指的是酒醉引起的神志不清，葛根花可解酒毒，缓和饮酒过量引起的头晕、恶心、胸膈饱胀等情况。

16.浪漫红酒的美丽之源

葡萄中含有超强的抗氧化剂SOD，可延缓老化、美白抗皱。

有人说：“懂得红酒才是真正的女人。”

真女人一如红酒，浪漫天真，又带着高雅华丽的迷离气质，令人钟情醉恋。

红酒高贵神秘的特质除了衬托出女人的娉婷媚艳，其实际成分更能发挥健康和美容的功效。

红酒以红葡萄酿制而成，属于碱性酒精饮品的一种，葡萄的种子和果皮含有类黄酮、多酚类和单宁酸等化合物，可以抗癌、抗老化，对于预防高血压、老年痴呆也有相当的作用。葡萄酒中所含丰富的铁、钙、钾、镁等多种矿物质和维生素，可适时补充身体所需的营养。

SOD（Superoxide Dismutase）是一种能恢复细胞活力和减少细胞受损的酶，一般人每天能制造约5万单位的SOD及其类似物质过氧化氢酶（catalase），但随着年龄增长，SOD的浓度也慢慢降低，相对地促使人体老化的自由基含量增加，人也会加速变老。

葡萄中含有超强的抗氧化剂，其SOD可帮助对抗人体的自由基，保护器官和细胞免受其氧化，进而达到延缓老化、美白抗皱的功效。葡萄酒因为经过提炼，所含SOD活性成分也特别高，对养颜防老、润泽皮肤十分有帮助。

Red Wine Polyphenols

Red wine is something
that keeps womens' body
in shape as well as
their skin conditions.

RED WINE MASK

Now more people use
red wine for conditioners.

红酒SPA留住岁月痕迹

葡萄籽的多酚成分抗氧化功效比维生素C、维生素E高数十倍

SPA是起源于芬兰的一种温泉水疗，并渐渐地风靡全球。在繁忙的生活节奏中，许多女性喜爱在闲暇之余享受SPA，不但可以缓解压力、放松心情，还兼收养颜美容之效。

法国专业美容师也推荐，女性平时在家便可以做葡萄SPA，只要准备500克葡萄、5个柳橙打汁，加入水中泡澡20分钟，便可以缓解疲劳、滋润肌肤。但必须注意的是，葡萄浴的水温不宜太高，否则水会使葡萄中的果酸、维生素等营养物质变质或流失。

多酚面膜净白水嫩

红酒不但可以内服，也可以外用

除了以红葡萄做葡萄浴，可以减压润肤之外，葡萄籽多酚对脸部肌肤也有很好的保养作用。

红酒多酚面膜的制作方法十分简易，只要准备红酒约20毫升和蜂蜜约10毫升调和，再以市面上售的面膜纸或敷面罩醮取，均匀贴于脸部15～20分钟即可，也可混合珍珠粉直接涂抹于脸上。

17.红酒SPA留住岁月痕迹

葡萄籽的多酚成分抗氧化功效比维生素C、维生素E高数十倍。

SPA是起源于芬兰的一种温泉水疗，并渐渐地风靡全球。在繁忙的生活节奏中，许多女性喜爱在闲暇之余享受SPA，不但可以缓解压力、放松心情，还兼收养颜美容之效。

酒疗SPA的创始者是法国的卡提亚·托马斯（Cathiard-Thomas）家族。他们当时在法国著名的葡萄酒产地波尔多的拉斐特葡萄酒庄园（Chateau Smith Haut Lafitte）经营酒产事业，1993年研究发现葡萄籽含有抗氧化功效的多酚（Polyphenols）成分，其效果远比已知的维生素C、维生素E高出数十倍，是最佳的天然抗氧化剂。不久他们便制造出第一个葡萄籽多酚的保养品牌——泰奥菲（Caudalie），广受好评。

1999年，泰奥菲SPA正式开幕，由设计师菲利蒲·哈瑞（Philippe Hurel）精心策划的高级度假胜地，每一个房间都有各自独立的风格与品味，名牌浴袍和可雷名店（Colette）所设计的拖鞋，处处皆是高品味的用心。

在托马斯家族的高级葡萄酒SPA之前，最先发明葡萄浴的马蒂尔得·托马斯女士即指出，葡萄籽多酚可消除人体内因吸烟、环境污染、紫外线所产生的自由基，达到延缓老化的作用。

法国专业美容师也推荐，女性平时在家便可自己做葡萄SPA，只要准备500克葡萄、5个柳橙打汁，加入水中泡澡20分钟，便可缓解疲劳、滋润肌肤。但必须注意的是，葡萄浴的水温不宜太高，否则高温的水会使葡萄中的果酸、维生素等营养物质变质或流失。

18.多酚面膜净白水嫩

红酒不但可以内服，也可以外用。除了以红酒做葡萄浴，可以减压润肤之外，葡萄籽多酚对脸部肌肤也有很好的保养作用。

红酒多酚面膜的制作方法十分简易，只要准备红酒约20毫升和蜂蜜约10毫升调和，再以市面上贩卖的面膜纸或敷面罩蘸取，均匀贴于脸部15～20分钟即可，也可混合珍珠粉直接涂抹于脸上。

若要加强面膜的作用，可至化工原料店购买玻尿酸原液和高分子胶，每次约以50毫升红酒、50毫升玻尿酸原液再加上半茶匙的高分子胶，便可制作出效果良好的面膜。

敷面之前必须先洗脸，脸部肌肤清洁之后，面膜的养分才能被充分吸收，待取下面膜只需用清水拍脸即可，不必再以其他洁面剂洗脸。

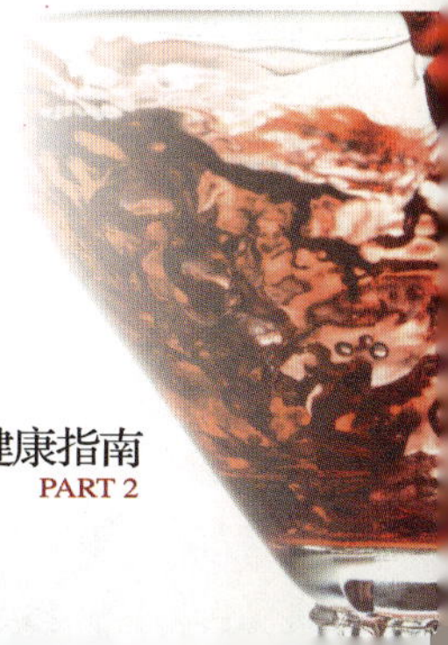

喝红酒向经痛说bye-bye

生理期女性每天可酌饮50毫升红酒，帮助止痛、缓解症状。

中医师建议，女性经痛除了一般药物治疗，适量饮用红葡萄酒也有助于改善此现象。中医师表示，葡萄酒可抑制气血虚弱或寒湿凝滞引起的经痛；其中红酒的功效又比白酒好些，建议生理期女性每天可酌饮50毫升的红酒，帮助止痛、缓解症状。

红酒喝出轻盈窈窕

红酒含丰富的抗氧化剂，能改善人体逐渐老化衰退的代谢系统

现代人经济能力提升，饮食营养丰盛，加上生活忙碌，在长年累月之下常造成体重超过标准的问题。专家认为，红酒所含丰富的抗氧化剂，能提高人体因年龄增长而逐渐衰退的代谢系统，进而达到减肥的功效。

19.喝红酒向经痛说bye-bye!

生理期女性每天可酌饮50毫升红酒，帮助止痛、舒缓症状。

美国曾做过一项调查发现，将近1/2的成年女性曾因生理期而感到身体不适，其中1/10甚至因疼痛而无法进行日常活动。

中医师建议，女性经痛除了一般药物治疗，适量饮用红葡萄酒也有助于改善此现象。中医师表示，葡萄酒可抑制气血虚弱或寒温凝滞引起的经痛；其中红酒的功效又比白酒好些，建议生理期女性每天可酌饮50毫升的红酒，帮助止痛、舒缓症状。

仁爱医院的中医师郑集诚表示，台湾地区也有愈来愈多的女性受经痛的困扰。经痛可能发生于生理期期间或生理期前后，15～25岁的未婚女性是经痛几率较高的人群。疼痛方式多为胀痛、闷痛，甚至剧痛，严重者会发汗、脸色苍白、四肢无力，严重者还会晕厥。经痛部位约在小腹或腰间，直到生理期结束经痛的症状才会随之消失。

郑医师建议，有经痛困扰的女性可喝些红酒舒缓疼痛。红酒中所含的乙醇可兴奋人体、舒畅心情、解忧舒肝，改善因精神抑郁所引起的经痛。红酒兼具祛温散寒、活血通经的功效，对气血两亏引起的经痛有止痛效果。

20.红酒喝出轻盈窈窕

红酒含丰富的抗氧化剂，能改善人体逐渐老化衰退的代谢系统。

现代人经济能力提升，饮食营养丰盛，加上生活忙碌，没时间做运动，长年累月之下常造成体重失控的问题。

根据美国一项调查，有75%的人体重失控原因是确实无法做运动，59%的人在于受不了美食诱惑，32%则是与遗传基因有关。逾90%的受访者承认体重会影响自己的个人魅力。

事实上体重问题除了影响外在的形象，也关系着一个人的内在健康与寿命长短。过重的人常会引发一些疾病或造成器官受损，对身体健康是一种沉重的负担。

专家认为，红酒所含丰富的抗氧化剂，能改善人体因年龄增长而逐渐衰退的代谢系统，进而达到减肥的功效。

在正餐中佐以红酒，不但增加用餐乐趣，也能刺激大脑中的饱食中枢，提醒身体不要过度进食；而饮酒使血液中的酒精浓度缓缓提高，舒畅情绪、放松心情，同时避免了因压力造成的暴饮暴食。

POINT

男性每天约饮4杯、女性约饮2杯的红酒或白酒，可降低50%心脏病及25%癌症的发生率。尤其酒中富含抗氧化剂，有益女性延缓老化、美白抗皱，并可消除常见的经痛问题，帮助对抗乳腺癌和卵巢癌。

“干杯啦！”酒国英雄们可要小心了，
过量酒精将影响全身器官机能的衰退，
甚至引发精神症状，
贪杯的代价可真不小！
尤其某些疾病患者，
“干杯”前，绝对得先掂掂自己斤两！

Part 3 饮酒禁忌须知

1. 饮酒过量内脏喊救命

1周饮酒7杯以上为过度饮酒。

在“适量饮酒有益健康”的观念逐渐被大众接受之后，医师也特别强调，不可将酒当作营养食品毫无节制地饮用，饮酒时还是应特别注意量的控制，以免弄巧成拙。

英国伦敦大学卫生与热带医学院的伊凡·怀特博士表示，适量饮酒可降低40岁以上的男性及停经以后的女性心脏病发生率；红酒预防心血管疾病的功能也已被医学界证实。但如果饮酒过量，反会促使心脏肌肉萎缩、损害，并提高心肌病的患率，对已患有心脏病者的伤害尤其严重。

日本生命科学协会研究发现，每日饮用约550毫升的葡萄酒或日本清酒者，男性智商比平时滴酒不沾者高3.3%，女性则高2.5%。荷兰鹿特丹爱拉默斯大学实验发现，适量饮酒减少老年痴呆症比例，每天喝1～2杯酒的人患痴呆症比例比禁酒者低约42%。然而大脑若负荷过多的酒精，对判断力、记忆力、集中力及情绪反应都会造成不良的影响。

一般而言，1周饮酒6杯以下被视为轻度饮酒者，7杯左右为中度饮酒者，7杯以上则为过度饮酒。近年专家也设定了一套饮酒标准的换算公式：

摄入酒精克数＝饮酒毫升数×酒精浓度（%）×0.8

例如，52度红酒200毫升，其酒精量＝200×52%×0.8＝83.2克酒精。若连续5年每天摄入40克的酒精，累积73 000克以上，则有约50%的人有患不同程度酒精肝病的风险。

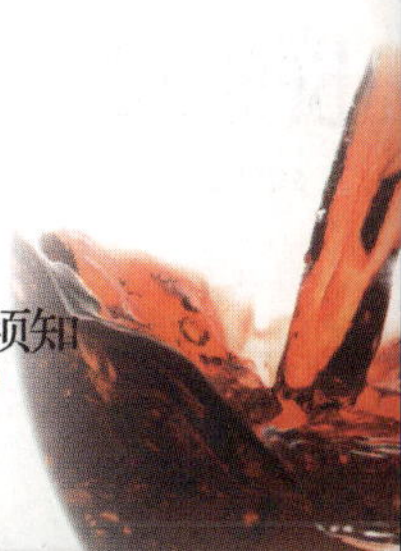

2. 美酒配西药变致命杀手

服用安眠药和镇静剂再饮酒，严重者会昏迷不醒或中毒身亡。

有人说：“酒精是西药毒素的催化剂。”在服用西药的前后，应避免饮酒，即使是低酒精浓度的水果酒或养生药酒也不宜佐药，否则会使其变成毒药、毒酒而危害健康。

服用抗癌西药的患者必须禁酒，酒精对化疗药物中肝脏毒性所引起的呕吐现象具催化作用，且会抵消药物抗癌的疗效，并进一步促使癌细胞扩散或转移。

服用含抗生素的西药后亦切忌饮酒，抗生素会造成酒精在人体无法代谢而滞留体内，损害肝脏、心脏和肾脏。抗生素与少量酒精混合，便会使人心跳加速、呼吸困难、头痛呕吐，甚至因中毒而昏迷。

阿司匹林或消炎痛（indomethacin）等非类固醇消炎药，是许多关节炎及心脏病患者必须长期服用的药物，这类药物对肠胃影响很大，很容易引起胃肠出血，若再饮酒，则可能发生肠道大量出血，对十二指肠溃疡和凝血功能障碍的患者伤害尤大。

糖尿病患者在服用降糖药及注射胰岛素期间若空腹饮酒，容易导致低血糖，其症状和醉酒相似，常因无法辨识而不自知，最终导致休克、脑细胞受损，甚至死亡。

酒精具扩张血管作用，高血压病患若以酒佐药，常出现血压反跳现象，使病情控制不稳，甚至引起猝死。冠心病及心肌梗塞患者若因饮酒造成血压波动幅度过大，对病情亦有相当大的危害。

服用安眠药和镇静剂者若再饮酒，大脑神经会因酒精和药物双重抑制下受损，严重者则会昏迷不醒或中毒身亡，据说电影喜剧大师卓别林便是因酒后服用安眠药而死亡。

迷你知识小百科

20世纪最伟大的喜剧大师 卓别林

卓别林，1889年4月16日生于英国伦敦一个平凡家庭，童年时父死母疯，遭后母虐待而流落街头。

8岁时登台演出即造成轰动，15岁跨足影视界，以幽默嘲讽的现实主义批判精神，将庸俗的笑闹剧提升到深刻透察人生的悲哀与无奈的艺术高度，成为世界公认最伟大的20世纪喜剧大师。

卓别林一生共演过80多部影片，以其独一无二的风格创下影视辉煌历史，二战期间曾遍游欧洲、中国、印度、苏联等地，战后世界和平理事会授予他国际和平奖，并于1972年获得奥斯卡终身成就奖，同年第23届威尼斯国际电影节特别举办卓别林影展。这位杰出的喜剧艺术家在1977年的圣诞夜与世长辞，享年89岁。

ESTABLISHED IN 1886
FREEMARK ABBEY
2001
CABERNET SAUVIGNON

三种病人饮酒高危险

慢性肝炎患者长期饮酒容易转化为肝硬化或肝癌

饮酒虽然在一些病症中被作为治疗养病的一种方式，但某些特定疾病患者应避免饮酒，尤其是感冒、肝炎及糖尿病病人，患病期间若饮酒，容易使病情恶化。

感冒时常常有发烧现象，医生所开的退烧药大多具有解热止痛的作用，若药物与酒精混合，所产生的代谢物会严重损害肝脏，造成不堪设想的后果。

3. 三种病人饮酒高危险！

慢性肝炎患者长期饮酒容易转化为肝硬化或肝癌。

饮酒虽然在一些病症中被作为治疗养病的一种方式，但某些特定疾病患者应避免饮酒，尤其是感冒、肝炎及糖尿病病人，患病期间若饮酒，容易使病情恶化。

感冒时常常有发烧现象，医生所开的退烧药大多具有解热止痛的作用，若药物与酒精混合，所产生的代谢物会严重损害肝脏，造成不堪设想的后果。

肝炎病人大多是肝脏受损引起解毒功能降低，并使胃口不佳、摄入营养不足。酒精代谢需要更多的酶活性，肝炎患者不仅无法充分提供，还会阻碍对叶酸、氨基酸、维生素的吸收，促使病情加重。慢性肝炎患者如果长期饮酒，则容易提高肝硬化或肝癌的发生率。

糖尿病患者如果长期饮酒，酒精中所含的高热量会对肝脏不利，进而引起三酸甘油酯升高，并使胰腺水肿、充血，影响胰岛功能，加速病情恶化。

4. 女性饮酒浅尝即止

女性对酒精的敏感度比男性高许多。

女性体内的脂肪含量较水含量高，对酒精的敏感度比男性高许多，且酒精在女性体内较不易被稀释代谢。

男性比女性更容易分泌酒精脱氧酶，能够将酒精分解，使其不蓄积于血液中。

据研究，每天饮一杯酒的女性患中风及心脏病比例比滴酒不沾者低1/2，原因可能是酒精有助降低低密度脂蛋白LDL和胆固醇，并提高密度脂蛋白HDL的含量，从而防止血栓形成。但若长期过量饮酒，造成酒精滞留于血液中，无法正常代谢，对内脏器官皆是一大威胁。

迷你知识小百科

酒的雅号别名

酒向来为文人雅士所喜爱的饮品，中国古典诗词更有许多对酒的描述，因此酒的雅号别名灿如繁星，数不胜数。

黄流：源于《诗经大雅旱麓》：“瑟彼玉瓒，黄流在中。”

欢伯：源于汉朝焦延寿的《易林坎之兑》：“酒为欢伯，除忧来乐。”金人元好问则言：“三人成邂逅，又复得欢伯。”

天禄：源自《汉书食货志》：“酒者，天子之美禄。”

钓诗钩，扫愁帚：宋朝苏轼《洞庭春色》描述：“要当立名字，未用问升斗，应呼钓诗钩，亦号扫愁帚。”

此外，曲秀才、芳醪、绿醪、金波、玉液、琼浆、流霞、平原督邮、红友等都是酒的雅号别名，也为历代诗词传说增添了许多华丽动人的色彩。

5. 酒国英雄当心慢性中毒

酒精慢性中毒会出现程度不一的精神病症。

天津安定医院在1994～2003年期间，对26～75岁的196名病患进行实验调查，这些患者皆是因长期酗酒而住院，其中有177人每天喝酒超过250克酒精，133人只喝酒精浓度高于50度的酒，120人的饮酒历史超过20年，有37人为治疗因酒精中毒引起的精神疾病住院超过2次，严重者甚至住院高达12次。

据研究，病人身上皆因酒精慢性中毒而出现程度不一的精神病症。在感官方面出现幻觉者尤多，约为136人。脑中产生夸大、紧张的被害妄想症者有128人。125人已因此改变原有的性格。58人常情绪莫名波动，时而兴奋时而忧郁。67人在记忆方面出现障碍。

在身体方面，有132人肝脏皆受不同程度的损害，53人神经系统受损；47人消化系统受损；36人肝脏受损；24人心血管受损；21人呼吸系统受损，还有一些因酒后步履不稳造成跌撞、骨折、流血等外伤。

长期酗酒者对酒精产生相当程度的依赖，迫其中断后，有127人出现手脚震颤的情况，121人因戒酒而失眠，72人时常有官能幻觉产生，61人精神焦虑，23人癫痫症发作，17人经常感到恶心反胃。

6. 酒精傀儡的戒酒法则

药物戒酒只是手段，真正还是要靠决心和毅力。

你曾想尝试戒酒吗？

你把饮酒当成调节忙碌生活的方式吗？

你曾借酒浇愁，或借酒壮胆吗？

饮酒是你日常生活必要的一部分吗？

你曾因饮酒而失约或请假吗？

你喝过醒眼酒（一睡醒便喝酒）吗？

你在聚会中总是一杯接着一杯吗？

你曾因他人劝你戒酒而生气吗？

你曾因喝酒而丢三落四吗？

你曾因喝酒而感到不安或罪恶吗？

如果以上问题你的答案多为肯定，那么你已面临自己难以解决的饮酒问题。

饮酒过量及长期酗酒皆会为健康带来问题，被酒精所控制，一天不喝便感觉不对劲，将自己置于被动的傀儡位置，无法控制自我意志。

当面临饮酒问题时可以找家人、朋友或医生聊聊，社会上亦有许多戒烟戒酒的机构协助有心戒瘾却又意志薄弱的人达到目标。情况较严重者可能必须接受专业医疗。

目前医学界有两种药物可帮助戒酒，一是在戒酒前几天给予镇静剂，减轻患者忽然断酒的痛苦。二是使用如Naltrexone之类的麻醉性药物，以控制身体对酒精所发出的渴求信号。

然而药物戒酒只是手段之一，真正要摆脱酒精束缚还是要靠自我的决心和毅力。

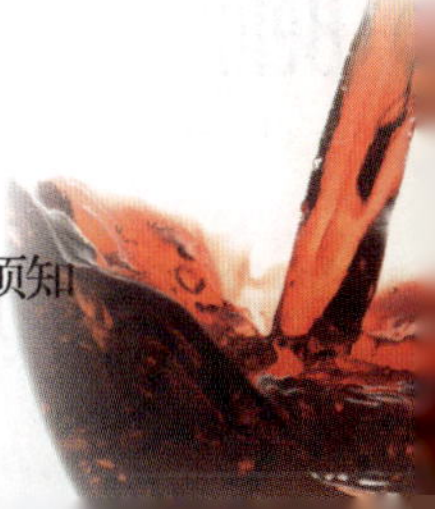

7. 浓茶解酒的错误观念

酒茶同饮会造成心脏双重负荷。

李时珍《本草纲目》记载：“酒后饮茶伤肾，腰腿坠重、膀胱冷痛，兼患痰饮水肿。”

从中医上看，酒味辛，饮后先入肺，肺与肠互为表里，饮酒使阳气上升，故能促进血液循环。茶味苦性阴，主降不主升。酒后饮茶会使排泄频浊，对肾脏也会造成伤害。

现代医学研究，酒精和浓茶皆对心脏有刺激的振奋作用，酒茶同饮会造成心脏双重负荷，对心脏病患者的伤害尤大。

大部分的酒精会在肝脏中转化成乙醛、再变为乙酸，乙酸分解成水和二氧化碳后由肾脏排出。而浓茶中茶碱成分具利尿作用，在茶碱的催化下会使尚未分解的乙醛提早进入肾脏，对肾脏产生严重的刺激和伤害，甚至危害性命。

故浓茶醒酒是传统的错误观念，医学已证实酒后不宜饮茶，尤其是浓茶。至于酒醉时若要以食饮解酒，可吃些水果，如梨子、柑橘、西瓜或苹果，中药如菊花煎水亦可达到解酒的功效。

8.开怀畅饮心脏病找上门

及时戒酒，心脏衰竭的情况可逐渐改善。

适度饮酒有益心血管健康，然而大量饮酒却会造成相反效果。医学研究表明酒精可提升血液中高密度脂蛋白，进而抑制血栓形成，但过量的酒精却会增加冠状动脉疾病的发生率及死亡率。

饮酒过量也会引起心律不齐，酗酒者常在假日大量饮酒、出现心律不齐的情况，因此又被称为“假日心脏症候”，其中最常见的是心房扑动、心房颤动或心室性心搏过速，严重者可能引发心室性心律不齐而猝死。

乙醛是酒精代谢物之一，其毒性会危害心肌，引起酒精性心肌病变。酒精性心肌病变的患者通常每天饮酒超过75克酒精，且饮酒时间超过10年，若连续15年每天饮酒的酒精含量超过270克，发生病变的几率则会高达35％。

个人体质对酒精的敏感度也是发生酒精心肌病变的关键之一。患者心脏损害程度常与饮酒量成正比，长期嗜酒所引起的心脏衰竭会有呼吸困难、肢体水肿等症状，若程度尚不严重且及时戒酒，心脏衰竭的情况可逐渐改善，心脏功能也会慢慢恢复；若病症已至恶劣者应就医看诊，配合医生进行治疗。

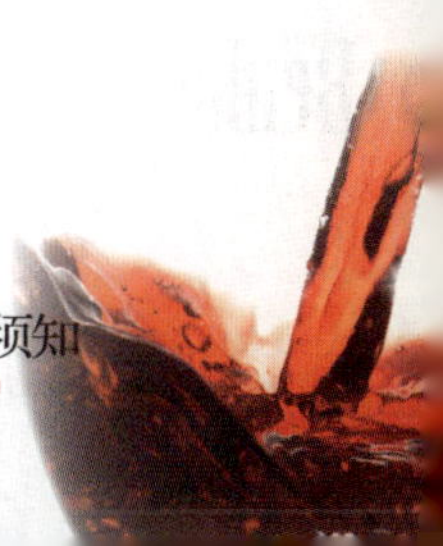

9.长期酗酒高血压失控

酒精使血管对升压物质的敏感性提高，更加恶化高血压。

世界卫生组织所建议的正常血压为：收缩压应小于（等于）140 mmHg，舒张压应小于（等于）90 mmHg。成年人的收缩压若大于150 mmHg、舒张压大于95 mmHg则为高血压患者。

高血压的患病原因包括高龄、肥胖、遗传、工作压力、食盐过多等，一般高血压是渐渐形成的，早期症状并不明显，但随着患病时间增长，若无法给予适当医治，则会使体内器官受损，心脏、肾脏、大脑、动脉等皆会受到影响。

有一种恶性高血压则为急性发作，以30～40岁患者最多见，该类型高血压患者视力会急速减退、视网膜出血、视神经乳头水肿，并促使肾功能加速衰竭、出现血尿及蛋白尿等症状，病情恶化迅速，病人多死于尿毒症。

长期酗酒容易引起血压升高，每天饮酒40克左右酒精，收缩压增加3～4 mmHg，舒张压则增加1～2 mmHg，酗酒者可能因刺激交感神经作用或血管平滑肌细胞内的Ca^{2+}上升，促使血管对升压物质的敏感性提高。若已是高血压患者仍毫无节制地饮酒，则更易使病情恶化，难以控制。

三种佳肴不宜佐酒

酸醋易使葡萄酒独特的口味变得平滞呆板

美食专家指出，酌饮葡萄酒时有三种食物不宜作为佐酒菜。

一是**辛辣甜腻食品**。辛辣、浓郁的食品一般配酒难以入口，这时可选择搭配果香浓郁的葡萄酒。

二是**含醋食品**。沙拉中若拌了醋，易使口腔的感觉钝化，使葡萄酒独特的口味变得平滞呆板。

三是**海鲜**。红酒中所含的单宁会破坏海鲜的口味，若食用海鲜时要配酒，白酒是较好的选择；有些白酒的味道也许会被鱼、虾所掩盖，但它可将食物中的美味推至完美境界。

10.三种佳肴不宜佐酒

酸醋易使葡萄酒独特的口味变得平滞呆板。

聚会之中，浪漫的葡萄酒搭配可口佳肴总是令人抗拒不了的诱惑，但美食专家指出，酌饮葡萄酒时有三种食物不宜作为佐酒菜。

一是辛辣甜腻食品。辛辣、浓郁的食品一般配酒难以入口，这时可选择搭配果香浓郁的葡萄酒。巧克力对葡萄酒口感也有不利的影响，但有一种班费巴切托德阿奎葡萄酒搭配黑巧克力口感清爽细腻，正好平衡酒的酸度和巧克力的甜度。

二是含醋食品。色拉中若拌了醋，易使口腔的感觉钝化，使葡萄酒独特的口味变得平滞呆板。若要以有酸味的食品佐酒，奶酪和柠檬口味点心是不错的选择，柠檬酸与葡萄酒的口感可以达到完美的谐调。

三是海鲜。红酒中所含丰富的单宁会破坏海鲜的口味，即使是新鲜的剑鱼、大马哈鱼、金枪鱼或多弗尔油鳎鱼片，也会因佐酒而变得无味，而海鲜则会使红酒的口感带上令人厌恶的金属味。若食用海鲜时要配酒，白酒是较好的选择；有些白酒的味道也许会被鱼、虾所掩盖，但它可将食物中的美味推至完美境界。

11.美酒化身为穿肠毒药

善饮红酒的法国人心脏病患率低，但胃癌、肝硬化和中风比例高。

法国是全世界红酒喝得最多的国家，平均每年红酒的消耗量高出美国约10倍。法国人同时也偏爱红肉，在酒肉尽情享用之下，法国人患心脏病的比例却低于其他西方国家。

医学界推测，法国人心脏较其他饮食习惯相近的欧美国家健康，原因可能来自于红酒中所含丰富的植物性抗氧化物，能中和食物中各种有害人体的自由基，预防其对低密度脂蛋白的氧化，进而保护心脏不受动脉阻塞的危害。

但红酒到底是琼浆玉液还是穿肠毒药？专家指出，红酒虽含有高含量的抗氧化物，但每天若饮用2杯以上也会对其他器官有所损害。就法国而言，虽然心脏病患率较低，但胃癌、肝硬化的人数却高出美国1倍，中风的人数也比美国多50％。

医师建议，每天饮用红酒者应以1杯以下为宜，若不善饮酒，可以传统的红葡萄汁代替，虽然它所含的抗氧化物只有红酒的1/3，却可避免酒精对内脏所带来的负面影响。

12.糖尿病患者饮酒需知

糖尿病男性患者每天饮酒应控制在30克以下，女性20克以下。

酒属于高热量饮品，每克酒精即含有3 500卡的热量，容易促使高脂血症的发生，造成体内代谢混乱，增加肝脏的负担。

特别是糖尿病患者，若空腹饮酒，酒精会抑制肝脏糖原异生及肝脏糖原分解的化学反应，使血糖过低；若进食含碳水化合物的食品，则会使血糖升高，导致病情无法控制。医生呼吁，并发糖尿病与肝脏疾病患者，在注射胰岛素及服用降血糖药物的治疗期间，应严格戒酒。

但糖尿病患者平时也不是绝对必须滴酒不沾，正确的饮酒方式在不影响病情下是可被接受的。专家指出，糖尿病男性患者每天饮酒应控制在30克以下，女性应在20克以下；平日血糖控制得宜者若在晚餐以后喝酒，应在睡前测量血压，如果血糖低于70 mg/dL，则需补充一些淀粉类食物，以免入睡后出现低血压的情况。

酒的品种选择也是糖尿病患者饮酒时不可忽视的环节，各种酒的热量和含糖量各异，患者宜选择低酒精、低糖的酒，如干红、干白等无糖葡萄酒优于含碳水化合物的啤酒。尤其红酒中含有单宁、白黎芦醇、花色素、类黄酮等抗氧化剂，适量饮用可降血脂、预防动脉硬化。

13.孕妇饮酒易生畸形儿

孕妇每周喝超过4杯葡萄酒，会危害胎儿的大脑发育。

1999年4月8日英国心理学大会在贝尔法斯特城市举行，皇后大学（Queen's University）研究人员指出，孕妇每周若喝超过4杯的葡萄酒，便会危害胎儿大脑的发育。

其实验为：在孕妇的腹外启动蜂鸣器，并通过超音波监测腹中胎儿的反应。平时没有饮酒习惯的孕妇，腹中胎儿多在机器启动后立即有转动头颈、伸展四肢、再回复原来姿势的反应；但饮酒的孕妇，有2/3以上的胎儿呈现慵懒迟钝，甚至毫无反应的现象。这项实验结果显示孕妇饮酒易对腹中胎儿有负面影响，对大脑智商的伤害尤其明显。

根据美国调查统计，每年因孕期饮酒造成胎儿产后畸形的便高达5万人，医生将此情况称为“胎儿酒精综合症”，其典型的临床表现为胎儿体重不足、中枢神经系统发育不全、头部畸形（前额过突、斜视、鼻短、鼻孔朝上、口唇收缩等）、心脏及四肢不正常。

据研究，美国所有智力障碍者有1/5是由于胎儿酒精综合症造成。一般而言，怀孕初期饮酒愈多，对胎儿的伤害也愈大。

孕期的前3个月是胎儿成形的关键期，此时饮酒容易造成胎儿畸形、弱智；妊娠6个月以后是胎儿成长的高峰期，如继续饮酒，则会给胎儿带来持续的严重伤害，因此医师建议孕妇应避免在孕期饮酒，以保护腹中胎儿正常、健康地发育成长。

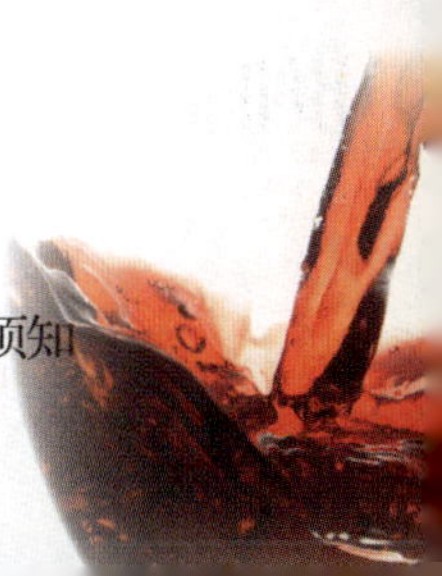

14.妇女酗酒易患乳腺癌

饮酒养生应视年龄而定。

饮酒对乳腺癌到底有推波助澜的风险，还是有抑制预防的效果，目前医学界仍无定论。

美国国家癌症研究所主任赵宛滨指出，日常生活环境中有许多物质常在进入人体后产生致癌风险，这些物质原本并不具毒性，只有在与人体细胞结合活化后才会危害健康。寻找抑制这些致癌物被活化的成分是抗癌方法之一。

葡萄皮中所含的白藜芦醇经过实验证实具有抵制致癌物质的功效，能在其毒性被活化以前发挥抑制作用，研究人员主要针对乳腺癌、肺癌进行测验，发现红葡萄酒具有预防这两种癌症的潜力。

但英国学者表示，每天饮用8克以上酒精的妇女患乳腺癌比例会提高6%，并认为在许多先进国家中因饮酒导致乳腺癌的病例占了4%。

参与这项研究的贝拉尔教授表示，妇女的饮酒量与其患乳腺癌的风险成正比，英国每年约有4万多名妇女被诊断出患有乳腺癌，如果她们能戒酒，患病人数将会减少约2 000人。

贝拉尔教授说，红酒可预防心血管疾病和中风，过量饮酒却会增加乳腺癌风险，所以建议饮酒养生应视年龄而定，比方65岁以上的妇女心脏方面疾病的患病率高于乳腺癌，即可以适量饮酒来维持心血管的健康。

15.女性嗜酒美貌失“娇”

大量的酒精会使肌肤加速水分流失，失去滋润光泽。

英国伦敦一项旨在指导人们正确饮酒观的波曼特组织表示，近年女性饮酒人数大幅增加，开怀畅饮已不是男性的专利。但饮酒过量除了危害健康，对爱美的女性更是一大威胁。

波曼特组织的首席执行官吉恩指出，1999～2002年的4年之中，介于16～24岁的女性，每天喝超过750毫升葡萄酒或1 800毫升啤酒或225毫升烈酒的比率增加了3倍多，从原本的3％提高到10％。

吉恩声明，饮酒过量影响睡眠质量，女性如果在夜晚睡不好，隔天则会出现疲惫的情况，长此以往还会加快老化速度。大量的酒精使肌肤加速水分流失，无法保持滋润光泽，双眼也会布满血丝，身上带着酒臭味。且酒精中所含的热量容易使身体发胖，这些都是女性美貌的最大克星。

男女的身体结构本有差异，女性体内水分含量低于男性，对酒精的稀释作用也较男性低，专家建议男性一天可喝3～4单位的酒，而女性喝2～3单位就应停止。

注：1单位等于150毫升葡萄酒、360毫升啤酒或45毫升的烈酒。

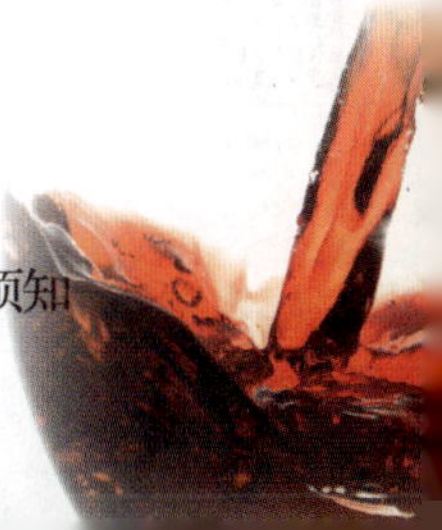

16.嗜烟纵酒口腔溃烂

4小杯酒和香烟对引发口腔癌具有同等的杀伤力。

统计数据显示，台湾地区目前五大癌症中，以食道癌和口腔癌最需注意，相较于其他癌症，这两种癌症患者的发生比例高，且存活率低。以25～44岁的青壮年男性而言，口腔癌更是第一大癌症。

英国国会在去年年底不顾民众反对，通过了酒吧可以24小时售酒的新法。英国癌症协会同时提出警告，口腔癌近年已跃居英国第一大健康杀手，危害程度已超过了子宫颈癌和睾丸癌，而大量的酒精会提高口腔癌发生的风险，呼吁英国民众切莫因这项新法而忽略了酒精的害处。

据统计，英国在过去十年患口腔癌的人数由1992年的3 400人发展到2001年的4 284人，增长幅度高达25%。英国癌症协会执行长亚历士·马克汉（Alex Markham）表示，酒精是香烟以外导致口腔癌的又一大元凶，对于政府不顾民众健康，以302票对228票在下议院通过全日皆可售酒的新法，他深表遗憾。

英国癌症研究协会指出，4小杯酒和香烟对引发口腔癌具有同等的杀伤力，建议人们若连续3周有口腔疼痛、溃烂、肿块，嘴巴、耳朵、喉咙莫名疼痛，脖子肿块，声音沙哑，吞咽困难等症状，应尽快就医，因这些有可能是口腔癌的先兆。

17. 睡前饮酒毒素堆积

睡前饮酒会影响胃肠功能及睡眠质量，使人精神萎靡。

曾有一患有失眠症的老人，习惯在睡前喝些酒御寒催眠，某日饮酒后就寝，隔日却被发现死于床榻上，医生诊断的死因是脑溢血。

许多年长者喜欢在睡前饮酒，以为酒精具御寒催眠作用，但事实上酒精在进入人体后会先使中枢神经兴奋，继而产生抑制作用。若过量饮用，则易造成酒精中毒，并破坏神经系统的平衡、损害中枢神经。酒精还可促进血管扩张、体内热量加速散发，若没能及时保温，不仅达不到御寒作用，还容易引起伤风感冒等病症。

晚餐后到睡觉前，腹中食物已逐渐被消化吸收，此时饮酒，酒精更易刺激血管内壁，使血压升高，导致脑溢血。

中医主张，人应顺应昼夜节律，日属阳、夜属阴。而酒属阳温热，睡前饮酒，伤阴动阳，阳盛阴乱，影响胃肠功能及睡眠质量，使人精神萎靡，日积月累，伤害剧增。

美国加州失眠研究中心表示，睡前饮酒若出现两次以上呼吸障碍，每次为时约10秒，则会使血压升高，引发心绞痛、心肌梗塞、冠状动脉痉挛，严重者甚至猝死。

现代医学指出，酒精含许多致癌物质，如甲醇和乙醇在人体内氧化后转变成甲醛和乙醛；晚上身体代谢较慢，睡前饮酒使这些毒素积存体内，无法像白天饮酒即时排出体外，对内脏有许多伤害。另外，睡前饮酒也会伤害视网膜，阻碍其产生感光色素，降低眼睛在黑暗环境中的辨物能力。

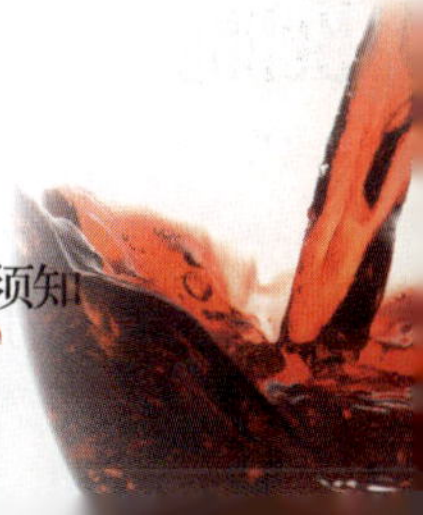

18.喝酒干杯健康也茫茫！

过量酒精会使人对饮酒产生依赖，且引发一连串健康问题。

常言道：“酒逢知己千杯少。”在许多把酒言欢的场合里，举杯畅饮、不醉不归是饮酒者豪迈、热情的表现，但如果长期不加节制地喝酒，过量的酒精会使人对饮酒产生依赖，且引发一连串的健康问题。

长期酗酒对胃肠、肝脏、心脏、神经系统皆有不良影响，常常引发一些潜在的并发症。急性酒精中毒者常因行为失控而发生意外，严重者还会使呼吸系统及神经系统受到压迫。

长期酗酒引起的维生素B_1匮乏，容易损害神经系统，引起颤抖、癫痫发作、精神错乱、健忘失忆等症状。且酗酒也会增加患胃炎、食道炎、胃溃疡、口腔癌的风险。

过量的酒精进入人体，使胰脏炎、肝炎、肝硬化、心脏病的发生率明显提高，长期酗酒也会使身体肥胖。专家表示，应控制饮酒量，避免因过多的社交而使酒精危害健康。

迷你知识小百科

“干杯”的由来

很多人习惯在饮酒前先与一同喝酒的同伴“碰杯”，而这一习俗起源的由来说法有二：

一是说碰杯源于古罗马。古罗马人尚武，不时有角力竞技活动，选手们习惯于比赛前饮酒互勉，但为避免心术不正的偏执者给敌方下药，因此借碰杯时双方的酒会溢出一些在对方酒杯中，以作为防止下毒的方法。

另一说是源于古希腊。古希腊人在举杯饮酒时发现，眼睛可欣赏酒的色泽、鼻子可以嗅到酒的香气，舌头能品尝酒的味道，唯耳朵无法参与饮酒的乐趣，于是想出饮酒前先碰杯，让耳朵也能听到杯子相碰的清脆声响。

19.男性酗酒没“骨”气

饮酒过量会影响骨质形成而导致骨质疏松症。

美国研究小组曾对约100名有饮酒习惯的男子进行X光检查，结果发现约有45人有骨质流失的迹象，在严重骨质流失的患者中，有1/3年龄在45岁以下。

该研究小组另外对12名慢性酒精中毒患者进行骨组织检测，证实患有骨质疏松症。专家认为，饮酒过量会使营养不良、吸收功能衰退，影响骨质形成和骨矿质化减少，进而导致骨质疏松症。

酒精中毒所引起的股骨头中毒者大多有长期大量饮酒的病史（每日约饮酒精150克以上），临床表现为面黄肌瘦、憔悴衰老、痴呆嗜睡、步行不稳、关节功能障碍及疼痛等，X光片中则呈现股骨头严重破坏或塌陷。

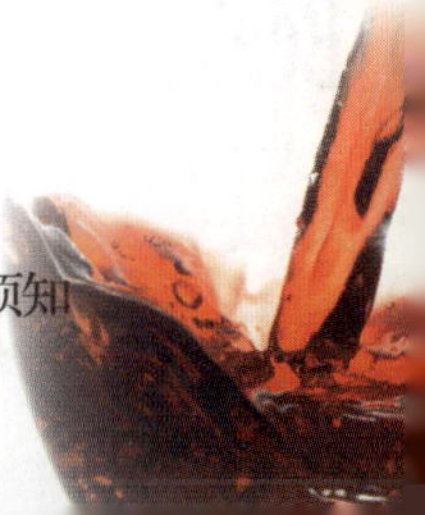

20.借酒浇愁忧郁症上身

“抽刀断水水更流，举杯消愁愁更愁，人生在世不称意，明朝散发弄扁舟。”

人生不如意十常八九，许多人在遇上不称心的事时，常纵酒豪饮，想一醉解愁。但医学证实，饮酒虽可以短暂麻醉精神沮丧，长期酗酒却容易导致忧郁症等精神疾病。

高雄医学大学附设医院的杨尚儒医师表示，酒精会抑制中枢神经，过量饮酒对集中力、记忆力皆会造成损害。长期以酒精麻痹自己的人若突然断酒，受到压抑的神经组织会出现反弹而使情绪加倍亢奋，约40%的人会出现重度忧郁症。忧郁症患者依赖酒精逃避现实，长期恶性循环也会引发痴呆失忆等精神病症。

POINT

专家建议男性一天最好只喝450～600毫升的葡萄酒，而女性则以300～450毫升为限。此外，孕妇及哺乳期妇女、未成年人及患有糖尿病、肝炎者不宜饮用，睡前、空腹、抽烟、服药时也要避免饮酒，惯以浓茶解酒的旧习更要彻底革除！

红酒可软化肉类的纤维、去除腥味，
让肉质鲜嫩多汁、增加风味，
并且有助血液循环、补气血。
尤其对许多不爱喝酒的人来说，
以红酒入菜是享受美食并滋补养生，
同时又是避免酒精味的好方法。

Part 4
红酒美食地图

1.枫木熏红酒羊腿

材料：

1只新鲜羊腿、半瓶红酒、1瓶啤酒、半匙蒜末、4大匙蜂蜜、适量的盐和意式综合香料、烟熏枫木。

做法：

1.羊腿洗净后，将意式香料均匀撒上。

2.将羊腿放入盛红酒的密封容器中，并加入蒜末和蜂蜜，腌制约1天的时间。

3.将烟熏枫木以啤酒浸泡捞起，放在锡箔纸上，并置于烤肉架上。

4.烤炉加热后，将火势调小，并放入羊腿熏烤，在烧烤过程中枫木烟熏会闷烧至羊腿中，约1小时后取出即完成。

后记：

烟熏木材除了枫木外，也可尝试橡木、樱桃木等其他木材，依各人喜好的口味挑选不同的熏木。

红酒可选用口感较强烈的品种，如智利出产的卡伯芮苏维侬（Cabernet Sauvignon），让红酒的甜味渗入羊肉，并使肉质软化。

这道料理不仅口感绝佳，对体虚者还有滋补作用，正如李时珍《本草纲目》云："羊肉有益精气、疗虚劳、补肺肾气、养心肺、解热毒、润皮肤之效。"

2.红酒炖蔬菜牛肉

材料:

2片鲜牛腱、1杯红酒、1个洋葱、2根胡萝卜、2杯高汤、1个番茄、1根芹菜、1个马铃薯、2大匙面粉、适量的盐、胡椒及月桂叶、3瓣蒜头。

做法:

1.将蔬菜及牛肉洗净，蒜头切末，洋葱及胡萝卜切丁，番茄和芹菜切块，牛肉切块。

2.将植物油放入锅中预热，洋葱、胡萝卜、番茄、芹菜放入锅中炒软后取出。

3.将牛肉裹上面粉、放入锅中炒至表皮呈金黄色，肉的内里则维持半生状态。

4.将步骤2的蔬菜再度放入锅中，并加入高汤、红酒、盐、胡椒、月桂叶等调味料。

5.盖上锅盖，待汤汁沸腾后加入马铃薯，再闷煮约1.5小时。

6.捞去月桂叶，并将食物盛至容器中，依个人口味喜好加些胡椒提味即完成。

后记:

在熬煮初期，番茄味及红酒味较重，炖煮一段时间后，所有食物味道会慢慢融合，其牛肉味道鲜美、汤汁浓稠，也可淋在饭或面上品味。

3.红酒鹅肝酱意大利面

材料：

约200克鹅肝、1个蒜头、1根青葱、50克培根肉，10克迷迭香、半杯红酒、1人份意大利面、盐及胡椒适量、1大匙色拉油。

做法：

1.将鹅肝洗净切片、蒜头切末、青葱切段、意大利面煮熟备用。

2.色拉油放入锅中预热后，放入鹅肝和培根翻炒，并加入青葱、蒜末、迷迭香。

3.淋上红酒调味，待酒渗入食物中盛起。

4.将鹅肝红酒酱淋在意大利面上即完成。

后记：

鹅肝红酒意大利面步骤简单、营养丰富，适合秋冬时节进补养生。鹅肝的腥味会被迷迭香及蒜头的味道调和，散发出清淡宜人的香草味。红酒的加入更让所有食物完美融合，并引导出不同层次的味觉变化，呈现出中华料理独特的口感。

4.红酒西芹牛腩烩饭

材料：

温热的白饭1碗、200克牛腩、100毫升红酒、1个洋葱、1根胡萝卜、30克西芹、200毫升高汤、3克百里香、2片月桂叶、适量的盐及胡椒等调味料。

做法：

1.将牛腩洗净切块，洋葱、西芹和红萝卜切块，连同月桂叶、调味料、百里香放入容器中与红酒拌匀，腌泡约1.5小时。

2.将牛肉及蔬菜取出后，分别沥干。

3.牛肉及蔬菜放入锅中翻炒，再加入些许红酒调味。

4.倒入高汤，用文火炖煮至肉熟。

5.将酱汁以细网过滤，连同牛肉淋在白饭上即完成。

后记：

红酒西芹牛腩烩饭是常见的法国料理，色香味俱全，不但美味且营养，鲜美的肉质和红酒的独特口感，在炖煮后除去酒精的呛鼻，衬托出牛腩的柔软与嚼劲。也可选用面条代替白饭，变换成可口的红酒西芹牛腩烩面。

5.红酒酱意大利面

材料：

350克面条、半杯红酒、适量的肉馅、1瓣大蒜、1个洋葱、1大杯高汤、半杯西红柿糊、1大匙奶油、3朵香菇、半根芹菜及胡萝卜、2大匙色拉油、一片月桂叶、适量的盐、胡椒和奶酪粉。

做法：

1.洋葱、胡萝卜、芹菜洗净后切碎，香菇泡软后切碎。

2.色拉油热锅后，加入大蒜爆香，再放入洋葱、胡萝卜、芹菜、香菇、月桂叶、奶油、肉馅翻炒。

3.加入红酒、番茄糊、高汤约煮1小时后，捞去泡沫渣。

4.将肉馅红酱淋在煮熟的面条上，最后淋上奶酪粉即完成。

后记：

红酒在煮沸蒸发后，会与其他食物融合，散发出浓郁香醇的味道，加入月桂更添加了香草迷人的特色。肉馅及萝卜不但让料理口感宜人，也均衡了人体所需的丰富营养。

迷你知识小百科

让意大利面更有嚼劲

意大利面除了着重酱料的调味，面条本身也是料理好吃与否的重点之一。有嚼劲的面条要保留中间有些硬韧，其秘诀包括了：选用较深的锅子，在水滚之后先放入少许的盐巴，面条在放入时以垂直方式稍微扭转，使其放射状地展开于锅缘，在面条变软完全入锅后，以筷子搅拌避免黏附锅中。

煮面的过程应保持水的沸腾，尽量不要盖上锅盖或加冷水，在快要煮好时先试试面的硬度，如果口感不错，即可以用滤网捞起，并立刻淋上事先调好的酱油。

6.草莓红酒烤鸡腿

材料：

1只新鲜鸡腿、草莓和蓝莓各3颗、1/3杯红酒、半杯鸡汁高汤、适量胡椒、盐、砂糖、芥末酱及迷迭香。

做法：

1.鸡腿以清水洗净后，先抹上盐及胡椒，再抹上芥末酱。

2.烤箱预热后，放入鸡腿约烤半小时。

3.将砂糖在锅中加热使其融化，成为焦糖，放入草莓、蓝莓及红酒煮至沸腾。

4.加入鸡汁高汤，煮至浓稠后，熄火备用。

5.将步骤4的酱汁，淋在步骤2的鸡腿上，再以迷迭香点缀装饰即完成。

后记：

草莓红酒烤鸡腿做法简单，完成后兼具视觉与味觉的美感享受，可作为正餐的佐菜，亦可以是宴会、下午茶招待朋友的一道美食。

7.红酒洋葱蘑菇酱

材料：

半杯红酒、1杯高汤、50克香菇、30克蘑菇、30克洋葱、30克百里香、4片月桂叶、适量的盐及黑胡椒。

做法：

1.香菇、蘑菇洗净、泡软后切片。

2.油锅预热后，将洋葱、百里香、月桂叶放入，炒至表面呈金黄色。

3.加入红酒、香菇、蘑菇熬煮至汤汁剩下原来的1/5。

4.加入高汤、盐及黑胡椒调味即完成。

后记：

红酒洋葱蘑菇酱是西餐厅中常用的酱汁，可淋在牛排、猪排、鱼排上，成为一道正餐中主要的料理，也可搭配白饭或拉面，成为红酒蘑菇烩饭（面）。

8.蔬菜奶油红酒鱼

材料：

500毫升鲜鱼汤、1根胡萝卜、1匙橄榄油、少许青葱、120克蘑菇、120毫升红酒、150毫升奶油、适量的盐、黄油及胡椒、鲜鱼片。

做法：

1.锅中加入水、鱼汤、鱼皮、月桂叶、洋葱、胡萝卜，以小火炖煮约1小时。

2.将汤中的蔬菜及残渣捞起。

3.蘑菇放入煎锅翻炒，直到表面呈金黄色后，放入鱼片及胡椒、盐，每面煎3分钟左右。

4.将鱼片盛起，蘑菇则淋上步骤1的汤汁和红酒，续煮3分钟。

5.将所有食物放入锅中同煮约5分钟，待调味酱汁完全被鱼片及蘑菇吸收后，倒入奶油即完成。

后记：

蔬菜奶油红酒鱼营养丰富，鱼肉所含的热量较其他肉类低，且对大脑及人体有益，此料理可搭配其他口感清爽的素菜食用。

9.麻辣红酒羊肋排

材料：

1千克羊肋排、1大杯红酒、5根鲜芦笋、2匙红酒醋、3匙西红柿酱、2匙红糖粉、2匙辣椒粉、5匙辣椒酱、1匙橄榄油、少许盐。

做法：

1.将红酒醋、西红柿酱、红糖粉、辣椒酱、盐混入1杯清水中拌匀，并将羊肋排洗净后，放入腌制约1天。

2.鲜芦笋洗净后，不用切段，整根汆烫。

3.将橄榄油倒入预热的锅中，放入羊肋排，再加入红酒，以中火煎3～5分钟，让红酒的味道渗入羊肉中。

4.烤箱预热后，将步骤3的羊排放入，灼烤20分钟。

5.将步骤1的酱汁倒入油锅中，以中火熬煮至浓稠，并淋在烤好的羊肋排上撒上辣椒粉，放上芦笋点缀装饰即完成。

后记：

羊肋排的熟度可以依个人口味调整煎、烤的时间，一般而言，煎3～5分钟后羊肋排会呈现五六分熟，再以烤箱烤20分钟则约八分熟；喜爱较生一点的肉质可缩短煎烤的时间。辣味的程度也可依据不同的饮食偏好作调整。

羊肋排可搭配一些通心粉或意大利面条，不喜欢芦笋者也可以其他蔬菜代替。

10.鸡丝红酒酸辣汤

材料：

150克去骨鸡胸肉、1根胡萝卜、30克木耳丝、一颗鸡蛋、半杯红酒、半杯红酒醋、4杯高汤、适量的辣椒粉、胡椒粉、盐、玉米粉、香菜、麻油、笋丝。

做法：

1.鸡胸肉洗净后撕成丝条状、胡萝卜刨成丝。

2.油锅预热后，放入萝卜丝、笋丝、鸡肉丝、木耳丝翻炒。

3.加入红酒煮熟后，倒入高汤及适量的水。

4.待步骤3煮沸后，放入辣椒粉、胡椒粉、红酒醋和盐调味。

5.加入玉米粉勾芡。

6.以容器盛起，撒上香菜，滴上麻油即完成。

后记：

鸡丝红酒酸辣汤融合了传统美味的酸辣汤及带着西方色彩的红酒香，是一道中西合璧的新料理。其中鸡丝也可以其他肉类如鸭丝代替。

11.茄汁辣味红酒虾

材料：

12只鲜虾、3瓣大蒜、4根青葱、1杯红酒、3匙番茄酱、半匙冰糖、半匙玉米粉、1匙蚝油、适量的盐及辣椒粉、3大匙植物油、2根辣椒。

做法：

1.将鲜虾洗净后，剪开虾壳，并挑去沙肠。

2.油锅预热后，放入鲜虾，炸至七分熟后盛起。

3.大蒜切末、青葱切段、辣椒剁碎。

4.将葱、蒜、辣椒、辣椒粉、番茄酱放入步骤2炸虾的余油中爆炒。

5.加入红酒、冰糖、盐、蚝油煮沸。

6.将鲜虾放入滚煮几分钟后，以玉米粉勾芡即完成。

后记：

虾壳中含有丰富的动物性纤维，是人体所需的营养物质之一，建议料理时只要将虾壳剪开即可，不必将其剥去；而虾头营养丰富、味道鲜美，也应一同保留。

12.香辣红酒猪肉片

材料：

梅花肉、青葱、大蒜、姜、1大杯甜红酒、半匙酱油膏、适量的香油和盐、一匙砂糖。

做法：

1.姜一半切片、一半切末、大蒜切末、青葱切丝。

2.梅花肉洗净后，加入姜片和红酒蒸熟。

3.将蒸熟的梅花肉放入冰箱冷藏，约半小时后取出切片。

4.将肉片平均放置于大盘子上。

5.将盐及酱油膏倒入温水中拌匀，再将剩余的红酒倒入，连同砂糖在热锅中煮沸，成为浓稠的酱汁。

6.将青葱撒在肉片上，并淋上步骤5的酱汁。

7.姜末和蒜末以麻油炒香后，均匀淋在肉片上即完成。

后记：

一般用来入味的葡萄酒是菜肴的配角，可以不必太讲究，只要注意其口味与菜肴是否能搭配即可。

13.红酒拌生菜香菇

材料：

5朵新鲜香菇、半盒苜蓿、1根胡萝卜、半颗洋葱、半个生菜、半个酪梨（又名牛油果，台湾特点）、半杯红酒、2.5匙酱油、半匙白芝麻、1小匙麻油、适量的红酒醋、奶油、白砂糖。

做法：

1.将红酒、酱油、麻油、白砂糖置于容器中拌匀。

2.香菇洗净去蒂后，放入步骤1中腌制约1.5小时。

3.酪梨去皮切丁。苜蓿、胡萝卜、洋葱、生菜各以清水洗净后切丝、拌匀。

4.奶油在锅中预热后，放入香菇翻炒。

5.将炒好的香菇切块，并与其他蔬菜拌匀。

6.将步骤2中腌制香菇的调味汁连同红酒醋煮沸，待凉后淋在步骤5的蔬菜中，并撒上白芝麻即完成。

后记：

可依喜好添加蔬菜，如玉米、紫包心菜等，喜欢甜味者亦可在蔬菜中撒上适量的花生粉或淋上果糖、蜂蜜。

14.麦芽糖红酒烤鸭

材料：

1只鸭、半瓶红酒、麦芽糖、迷迭香、洋葱、盐。

做法：

1.将鸭取出内脏后以清水洗净，放入烤箱烤30~40分钟。

2.洋葱洗净切碎后，放入油锅内翻炒。

3.将红酒、麦芽糖、迷迭香放入盛水的容器内，以小火慢煮，直到酱汁呈浓稠状后，以滤网滤掉杂质。

4.将步骤3的酱汁淋在烤鸭上即完成。

后记：

鸭肉的口感较涩，以麦芽糖和红酒制作出的酱汁可调和这一缺点，让肉质尝起来鲜美细致，带着些许甜味与酒香的烤鸭，更加令人垂涎三尺。

15.红酒洋葱面包汤

材料：

1小杯红酒、1个洋葱、1/4条法国面包、3杯高汤、1片奶酪片、适量的奶油、盐及黑胡椒、少许青葱、1/4根胡萝卜。

做法：

1.洋葱及胡萝卜切丝后，以奶油翻炒。

2.加入红酒、高汤和盐煮沸。

3.将奶酪片盖在法国面包上，放入烤箱烤3～5分钟，让奶酪片融化在面包上。

4.将奶酪法国面包切成小块，加在步骤2的热汤中，再撒上青葱及黑胡椒即完成。

后记：

以奶油代替色拉油或植物油，可增加料理的香味和甜度。红酒可选用较不甜的品种，以免与奶油、奶酪混合后，造成汤太过甜腻。法国面包可以吐司代替，喜辣味者可再加入适量的辣椒粉调味。

16.红酒海鲜色拉盘

材料：

半杯红酒、一大碗水、180克鱿鱼、250克鳕鱼、干贝、130克蛤、240克鲜虾、250克菊苣、1个洋葱、半个蒜头、适量的醋、橄榄油、胡椒、盐、蛋黄酱、酸奶、欧芹汁。

做法：

1.鳕鱼和鱿鱼洗净后切块，鲜虾去壳，干贝及蛤以清水洗净，大蒜切末，洋葱切丝。

2.将红酒加入水中煮沸，放入鱿鱼煮软。

3.再放入鳕鱼、鲜虾、蛤、干贝，煮至贝类壳开。

4.将菊苣、洋葱、大蒜、油、醋、胡椒、盐、蛋黄酱、酸奶置于容器中拌匀。

5.将步骤3的贝类去壳，连同鱼、虾放入步骤4的调味酱料中，再放上菜叶做点缀即完成。

后记：

红酒海鲜色拉可作为正餐前的开胃菜或傍晚时的点心。料理中加了适量的红酒和醋，均有促进食欲的功效。喜爱酸味者可在色拉上滴入几滴柠檬汁，增添口感。

17.红酒柠檬排骨酥

材料：

约1千克的排骨、2杯红酒、半杯冰糖、1个柠檬、适量的淀粉、胡椒、盐、酱油、柠檬皮丝、橄榄油。

做法：

1.将排骨洗净后切块，柠檬榨汁。

2.将胡椒、盐、柠檬汁放入酱油中拌匀，再放入排骨腌制约半小时。

3.油锅预热后，放入排骨炸至表皮呈金黄色。

4.加入冰糖及红酒，盖上锅盖焖煮10～15分钟。

5.开盖后先以淀粉勾芡再盛起，撒上柠檬皮丝即完成。

后记：

这道菜结合了洋酒独特的香醇口感与东方人喜爱的油炸排骨。口感酥软且有嚼劲的排骨，可满足饮食者的味蕾享受，加入了微酸的柠檬更是令人食欲大增。

18.洋葱红酒烩鸡翅

材料：

1千克鸡翅、3个蒜头、1个洋葱、烹调用红酒750毫升、红酒1杯、250克香菇、少许培根、适量的盐、胡椒、面粉、植物油、月桂叶、百里香。

做法：

1.将鸡翅洗净去脂、洋葱切碎。

2.在容器内倒入烹调用红酒，并加入盐、胡椒、百里香、月桂叶。鸡翅置于其中腌制一夜。

3.将鸡翅裹上面粉。

4.油锅预热后，放入鸡翅大火煎封，加入步骤2剩余红酒的2/3。

5.以另一油锅将培根连同蒜头、洋葱、香菇爆炒，再加入步骤3剩余的1/3红酒。

6.鸡翅与所有配料一同以慢火煮1.5小时，加入一杯红酒带出香气即完成。

后记：

鸡翅强韧口感在洋葱和红酒衬托下更富嚼劲，也可以鸡胸肉或其他肉类替换。

19.生菜红酒鲑鱼片

材料：

1片新鲜鲑鱼、2片生菜、适量圆白菜及紫圆白菜、1/3条胡萝卜、1.5匙红酒、少许黑胡椒、酱油膏、柠檬汁和香油、1匙蒜泥、甘蔗汁和梅汁、半匙冰糖水和姜泥。

做法：

1.将鲑鱼去骨和皮，切成粗条状。萝卜、圆白菜及紫圆白菜切丝。

2.将半匙红酒、酱油膏和黑胡椒混匀后，刷在鲑鱼块上烤15分钟，再取出刷一次酱料，续烤6分钟。

3.将一匙红酒、柠檬汁、香汁、蒜泥、甘蔗汁、梅汁、冰糖水、姜泥放入锅中煮开，再将鲑鱼块放入拌一下，即可熄火盛起。

4.将鲑鱼块放在生菜拼盘上，淋上剩余的酱汁即完成。

后记：

步骤2完成后，口味较清淡者已可直接食用。鲑鱼留下的皮和骨可以熬成美味的汤。

20.冰糖红酒烩洋梨

材料：

400毫升红酒、两颗西洋梨、35克冰糖、1匙蜂蜜、适量的肉桂豆蔻粉。

做法：

1.将西洋梨去皮、切块后，以牙签戳洞。

2.锅预热后加入红酒及西洋梨，以小火将红酒的酒精蒸散后，加入冰糖（梨必须完全浸在红酒中）。

3.加入肉桂豆蔻粉，盖上锅盖焖煮约20分钟。

4.将食物盛置容器上，淋上蜂蜜即完成。

后记：

红酒烩洋梨是很受欢迎的法式甜点，平时用来做菜的红酒多不太讲究，但这道点心红酒是主角之一，建议选用含有果香的红酒，如澳洲2001年产的Jacob's Creek，带着微酸的蓝莓香，附着清柔的单宁口感，可与西洋梨的味道融合。这道甜点除风味独特，也有益于健康，专家研究，红酒多酚的抗氧化剂可预防心血管疾病，兼具养颜美容功效，西洋梨可保护肺脏，预防肺部疾病。

21.红酒菠萝酪冰沙

材料：

1杯甜红酒、约1/4个新鲜菠萝、2.5匙白砂糖、2杯低脂酸奶、3杯菠萝汁。

做法：

1.将新鲜的菠萝果肉连同红酒、白砂糖、酸奶、果汁放入果汁机中打匀。

2.将步骤1以容器盛起后，放入冰箱冷冻库。

3.待果泥结冻后，取出再以果汁机打匀。

4.再次将步骤3放入冰箱冷冻一段时间后即完成。

后记：

这道简易而可口的夏季消暑圣品，也可用其他水果，如柳橙、苹果等代换，变换出不同口味的水果冰沙。

22.火烤红酒冰淇淋

材料：

Bigtom冰淇淋、巧克力蛋糕1片、些许红酒、草莓或樱桃酱。

做法：

1.铁板预热后，放上冰淇淋及巧克力蛋糕片。

2.将草莓酱或樱桃酱淋在冰淇淋上。

3.依个人口味喜好淋上适量的红酒即完成。

后记：

这是一道“冰火相容”的甜点。Bigtom是由美国引进，一种含空气少、密度高的产品，除了细致绵密的口感，还具有低糖、低脂、纯天然的特色，让热爱美食又害怕发胖的食客们不易有身体上的负担。

将冰透的食品放在烧热的铁板上，增添享用美食独特的乐趣，由于这种冰淇淋密度高，即使经过高温加热也不易溶化，铁板高温会将红酒的香醇蒸发飘散于空气中，甜腻的果酱及冰淇淋，搭配略带苦味的巧克力蛋糕，调和成宜人的口感。

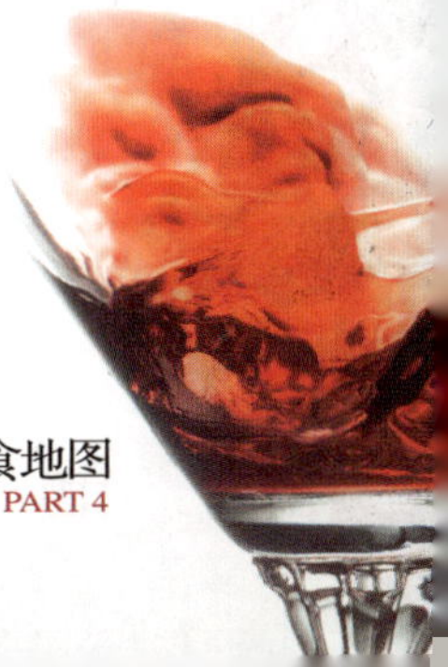

23.红酒水果蛋糕杯

材料：

1块海绵蛋糕、1杯樱桃汁、1杯红酒、2杯低脂酸奶、1片柠檬、约3匙白砂糖、1根香蕉。

做法：

1.将白砂糖放入樱桃汁中搅拌均匀。

2.将红酒注入步骤1的果汁中，并倒入热锅煮至浓稠。

3.香蕉和酸奶一起放入果汁机中打成汁。

4.把蛋糕切成方形小块，置于高脚杯中。先淋上步骤3的酸奶香蕉汁，再淋上步骤2的红酒樱桃汁。

5.滴上一些柠檬汁，放入冰箱中冷藏后即可食用。

后记：

新鲜的水果、香醇的红酒搭配甜软的海绵蛋糕，口感绵密细致。红酒水果蛋糕杯是简易的日常点心，但做好之后不要放在冰箱太久，以免蛋糕被泡得太烂，影响品尝时的美味。

与红酒搭配的樱桃汁可以用其他果汁任意代替，如凤梨汁、蓝莓汁、苹果汁、草莓汁等都是不错的选择。酸奶可选用原味或其他口味，依个人喜好，自由变换出各种不同的口感。

庄园、酒窖
肥沃的土地和甘泉、绵延的田园风光……
洒落一地阳光和酒香的红酒故乡，
蕴含多少葡萄酒的历史和故事？
世界被葡萄酒一分为二，
除了众所皆知的法国，
还有哪些“新世界”研制出独具风味的佳酿？

Part 5

世界顶级酒乡之旅

在葡萄酒的分类中，静态葡萄酒（Still Wine）包含红酒、白酒和玫瑰红，较著名的产区有法国的波尔多及勃根地、意大利、葡萄牙、西班牙、匈牙利、莱茵河区、美国等地，这类酒又被称为桌酒（Table Wine），酒精浓度通常在14度以下。

气泡酒如香槟、玫瑰红气泡酒、白气泡酒，其酒精含量最多不超过14度，较著名的产地有香槟（Champagne）、摩萨尔（Moselle）、勃根地、美国等。

加烈葡萄酒（Fortified Wine）含酒精14～25度，较著名的品种有马拉加（Malaga）、雪莉、波特、马德拉（Madeira）、马莎拉（Marsala）等。

另外，法国及意大利产的红、白苦艾酒（Vermouth）和含奎宁味的葡萄酒，酒精浓度为15～20度，这类酒被称为“香料葡萄酒”（Aromatized Wine）。

随着世界国际化的脚步加快，许多新世界国家如南美智利、阿根廷、北美、澳洲等地也纷纷加入酿酒的行列，风格较旧世界一些欧洲国家明快新鲜，在传统优雅高贵的葡萄酒之外开启另一扇窗。

一般而言，温带气候国家较适合酿造葡萄酒，大多葡萄酒出产国都在南北纬38°～53°，其中欧洲国家又占了2/3。

GALLIA.
Londinium
BRITANNICUS
Toxandri
Condrusi
Alauni
Baiocasses

1.法国波尔多

谈到葡萄酒，总是第一个联想到法国，其波尔多区更是以出产名贵的葡萄酒享誉世界。

波尔多区已有2000多年的造酒历史，北方的圣特美隆产酒量位于波尔多区之首，著名的欧颂堡（Chateau Ausone）是由4世纪诗人欧颂尼奥（Ausonius）命名，他也是一位葡萄栽种者，还称此区的酒连当时的凯撒大帝都爱不释手。

梅铎（Medoc）区以产红酒闻名，在女权运动开始前就已有“葡萄酒之后”的美称。柏美洛（Pomerol）区也专产上等红酒，酒质稳定，味道顺畅。

位于波尔多南区的格拉夫（Graves）兼产红酒与白酒，“Graves”有“碎石”（Gravelly）之意，显示该处土质松软，能栽培出茂盛葡萄，所产白酒不带甜味，口感清新柔顺。

波尔多南端的巴萨克（Barsac）和苏岱（Sauternes）生产著名的白酒，带着顺口的水果甜味，本身就可作为一道甜点。著名的顶级甜白酒Chateau d'Yquem成本偏高，售价也较贵。

其他区域如波艮纳（Côte de Bourg）和布拉依（Premieres Côte de Blaye）多生产红酒，品质普通，价格通常低于5美元。

迷你知识小百科

法国的左岸与右岸

如何分辨左右岸？从上游往下游望去，左侧为左岸，右侧即为右岸。法国的左岸是砾质土，栽种的卡伯芮苏维侬（Cabernet Sauvignon）葡萄所酿制出的酒较涩、单宁较强。右岸土质是黏土，种植的梅洛（Melot）酿出较柔和的酒，但风格也较弱。

2.法国勃根地

位于巴黎东南方的勃根地，原是勃根地公爵的管辖区，称为金丘区（Côte d'Or），其下又划分为波恩丘区（Côte de Beaune）和夜丘区（Côte de Nuits）两部分。酒标上的Estate字样，是指许多小葡萄地组合而成的产区；其中所产的黑皮诺和夏多内（Chardonnay）是主要的红酒与白酒的品种。

勃根地的夏布里斯（Chablis）所产的白酒是全区最佳品种，味道偏涩，带刺激感，颜色白中透绿，冷藏后饮用更是极品。若注明“Petit Chablis”表示不甜白酒，且不宜久放。Grand Cru Chablis指最浓的酒种，Premier Cru Chablis则是质量较上等的品种。

南方的薄酒莱区所产的红酒以新鲜顺口著称，其味香醇芬芳，可即开即饮。此区产包括如圣爱村（St. Amour）、布伊利（Brouilly）、桑纳（Chenas）、朱利安那（Julienas）、摩根（Morgan）、风车区（Moulin-A-Vent）等地，出产许多上等质量的红酒，口味浓醇。

3.法国其他地区

隆河区（Rhone）：此区位于勃根地南方，由里昂一带的隆河两岸组成，以产葡萄酒闻名，被称为Roasted Slope和罗地丘（Côte Rotie）。有“美食中心”之称的里昂，其冷盘、名菜搭配隆河的葡萄酒广为大众喜爱。隆河山区赫米特吉（Hermitage）所产的红酒大多香醇强劲，酒质厚实，价格公道，最著名的品种为教皇新堡（Chateauneuf-du-Pape）。

阿尔萨斯区（Alsation）：位于法国东北方，与德国毗邻的阿尔萨斯区，在历史上曾多次与德国交战和贸易，至今边界的居民在文化、语言、政治等方面仍与德国有深切的关系，形成德、法混合的特殊风格。此区所产的葡萄酒亦与德国甚为相似，只在甜味上略淡于德国产品。

阿尔萨斯区葡萄品种优良，所酿造的果酒香醇芬芳，著名的莉思林（Riesling），亦是德国摩赛尔酒和莱茵酒相同的品种。此区出产的酒大多适合新鲜饮用，在宴会中可拿来搭配各式佳肴。

罗亚尔区（Loire）：此区绵延于罗亚尔沿街谷一带约900公里，四处可见17、18世纪王公贵族留下的古堡遗迹。此区酒标上的“Chateau”意思与波尔多一地不同，专指具历史性的官邸、城堡。所产的葡萄酒多样，包括红酒、白酒、玫瑰红，甜或不甜，有泡或无泡，酒质清雅顺畅。保利芬美（Pouilly-Fume）白酒是此区出产的圣品，可用来佐餐，尤其海鲜贝类。松赛尔（Sancerre）白酒则以新鲜特质畅销全世界。

4.法国著名甜酒产品

若喜爱带着甜味的葡萄酒，不能不知道法国有七大著名的甜酒产区，各具风格特色，饮者可依个人喜好作选择。

- **波尔多区：** 此区出产的贵腐甜白酒是世界级的圣品，其中又以巴萨克（Barsac）和索典（Sautemes）所产的甜白酒最著名，口感华丽厚实、色泽金黄闪耀，与此区出产的红酒享有同样尊贵的地位。
- **香槟区：** 专产甜型（doux）香槟、微甜型（demi–sec）香槟和不甜（Brut）香槟，负世界盛名。
- **隆河丘区：** 此区的威尼斯、澎姆·密斯佳（Muscat de Beaumes–de–venise）是天然甜葡萄酒的唯一产品，其中的赫斯多（Rasteau）以产甜红酒著名。
- **阿尔萨斯区：** 灰皮诺（Pinot Gris）口感厚实浓郁，可用来搭配重口味的食物，常酿成迟采型甜酒。莉思林（Riesling）口感优雅均衡，甜中带酸，所产微甜白酒及贵腐白酒都很著名。格乌思塔明纳（Gewurztraminer）香醇芬芳、色泽明亮，口感圆润而强劲。
- **罗亚尔河谷区：** 此区的来阳丘（Côte eaux du Layon）甜白酒很有名，因应天候变化，出产各式的微甜、半干、贵腐甜酒。
- **朗格多克卢希隆区（Languedoc–Roussillon）：** 法国最大的天然甜葡萄酒产区，拥有许多甜白酒如：里维萨特·密斯佳（Muscat deRivesaltes）、密芮瓦·圣桑密斯佳（Muscat de St–Jean–de–Minervois）。甜红酒则以班路斯（Banyuls）和莫礼（Maury）为主。

• **西南产区（Sud-Ouest）：** 此区的维克毕勒·巴斯翰克（Pacherenc du Vic-Bilh）和朱朗松（Jurancon）产的甜白酒质量优良，蒙巴及亚可（Monbazillac）则以产优良的贵腐甜白酒著称。

迷你知识小百科

酒标上的Chateau和Estate

Chateau和Estate在酒标上常被搞混，两者同样代表酒的来源产地，此外，Chateau也可能是指酒商名。因为除了从产区认定标准之外，有些酒商都会标上自己的名字，所产的这类名酒不是在酒庄装瓶，而是酒商亲自选购葡萄品种，并在自己的酒窖里混制。有些酒商如B&C Kressman Sichel享有卓越的名声信誉，酿出的酒质量优良高级，为许多品酒专家认同赞赏。

Deutschland im 17. J
hundert (1648)
Putzger, Historisc
Schul-Atlas, 19
sburgische Lande:
Österreichische
Spanische
Linie
enzollernsche Lande
Brandenburgische
Fränkische
Linie
Geistliches Gebiet
Bornholm
Helgoland
Groningen
Ostfries
Helder
Texel
Zuider
Zee
Amsterdam
NIEDERLANDE
Paderborn
Kassel
Waldeck
Prignitz
Güstrow

5.德国

德国的莉思林酒口感微酸，有着无与伦比的香醇。

德国是一个高纬度国家，气候寒冷，葡萄种植多集中在莱茵河和摩赛尔河两岸，所产的酒也常以河为名。特殊的气候环境使德国酿造的葡萄酒优雅细致、圆润柔和，成为世界白葡萄酒的主要出产国之一。

德国的酿酒区多集中在西南方莱茵河流域，如莱茵法兹（Rheinpfalz）、莱茵黑森（Rheinhessen）、莱茵高（Rheingau）和巴登（Baden）等地，莱茵河支流流域的兰赫（Nahe）和摩泽尔河流域（Mosel-Saar-Ruwer）也是主产区。其中又以莱茵法兹、莱茵黑森、莱茵高和摩泽尔河流域最为著名。

因应河流可以调节气温的特性，德国优良的葡萄园大多设在河谷的向阳坡地，一方面河流的水汽可防止霜害，一方面也可以反射阳光到葡萄园上。

德国对于葡萄的种植和酒的酿造技术都堪称世界一流，所出产的酒种类繁多，其中莉思林（Riesling）有着无与伦比的香醇，口感高雅带着微酸，无论是不甜白酒或贵腐白酒，都拥有足以傲视群伦的典范。

6.意大利

意大利从罗马时期便已开始酿造葡萄酒，大体而言，意大利出产的葡萄酒分布全国各地，种类也多样繁杂，没有统一的管制和系统的规划。位于中部的托斯卡尼省（Tuscany）是历史悠久的葡萄酒产区，不但拥有希恩纳（Siene）、佛罗伦萨等文艺复兴古城，横贯此省中央的奇扬第（Chianti）更是驰名世界的葡萄酒产区。

奇扬第位于托斯卡尼中部偏东南的方位，北起佛罗伦萨郊外，南到希恩纳，西达地中海沿岸丘陵地带，东连亚平宁山，放眼望去是一望无际的翠绿缓丘，一整片无边的葡萄园，其间又划分成7个葡萄酒生产区，中央的经典奇扬第区（Chianti Classico）是最富历史传统的地域。

此区所产的葡萄酒在瓶颈上都会贴着一枚黑公鸡（gallo rero）标签，成为当地产酒的一大特色。这卷标又分成两种款式，红色标签代表DOCG级美酒（意大利法定评酒标准，DOCG为顶级，其次为DOC，再次为IGT，再来为DT，其他酒则为第五级）；金色酒签则代表Riserva，意指酿制的时间较久。

奇扬第，根据历史记载，14世纪便有

迷你知识小百科

“经典奇扬第”酒标上的黑公鸡

相传中古世纪希恩纳和佛罗伦萨两地时常为领土边界问题争执不休，有人提议清晨天亮时两地各派出一人由城中出发，往对方的领域前行，两人相遇处就作为边界分隔线。当日佛罗伦萨并没有对选来鸣叫报晨的黑公鸡进行喂食，以至于天未亮黑公鸡就因饥饿啼叫不休，让佛罗伦萨人误以为天已明，于是提早出发获得了较多土地。后来人们为了纪念这段历史，就把黑公鸡的图腾作为当地的标志传统，一直流传到今。

许多产酒记录，此地广袤的丘陵地，其气候与土质适合种植圣吉优维斯（Sangiovese）品种的葡萄，这一词的原意为“丘比特之血”，引申至这类葡萄所酿出的酒也如丘比特般富青春热情的气息。

“经典奇扬第”是由19世纪一位贝蒂诺·里卡索利（Bettino Ricasoli）男爵，混合多种葡萄所研发的独特配方，发展至今有上等的“顶级经典奇扬第”（Super Chianti Classico）闻名于世。

7. 西班牙

西班牙在全世界葡萄种植面积最大、葡萄酒产量季军。

作为全世界葡萄种植面积最大、葡萄酒产量季军的西班牙，其产酒历史也很久远。

位于西班牙北方的里奥哈（Rioja）是西班牙最负盛名的葡萄酒产区。时间回溯到中世纪，当时，里奥哈是天主教徒前往圣地亚哥朝圣的必经之地，宗教仪式对葡萄酒的需求量庞大，也全面开启了里奥哈的酿酒事业。

到了19世纪，由于法国著名的葡萄酒产区波尔多受到病虫的侵害，促使许多果农与酒商为了避祸，越过国界，迁移到奥里哈重新开始他们的葡萄酒事业，也为此区带来了新的技术和丰足的资金，使此区的酒业发展蒸蒸日上。

奥里哈依地理方位不同分成三个区域：北部的奥拉维沙（Rioja Alavesa）、西部的上里奥哈（Rioja Alta）和东部的下里奥哈（Rioja Baja）。东部因气候燥热、地势较低，所产的酒不耐久藏、酒精浓度较高。北部气温凉爽，出产的酒丰厚细致，口感层次多元，最著名的如田帕尼欧红酒（Tempranillo）、维乌拉（Viura）及加尔纳恰白酒（Garnacha Blanca）。

西班牙南方科多巴（Cordoba）山区的梦提拉（Montilla）葡萄酒也很出色，此款与雪莉的奥梦提拉多（A montillado）不同，A montillado是代指雪莉酒的一种形态，表示“略甜”。

8. 葡萄牙

北方杜罗河畔以梯田种植葡萄，酒的层次多元化，是葡萄牙特产。

14世纪，历史上著名的英法百年战争发生，在这期间，两国的国际贸易几乎中断，葡萄牙在当时是英国的同盟国，所产的波特酒代替法国供应英国皇室贵族，一直持续到战后数十年。

葡萄牙的气候深受海洋影响，沿岸800多公里雨量和湿度都适合葡萄的栽种。北方杜罗河畔位于高纬度区域，坡地高低起伏的特殊地形，发展出以梯田方式种植的葡萄，所酿出的酒口感层次繁杂多元，是葡萄牙的特产。

近百年来由于受到战争的波及，葡萄牙经济衰退、政局动荡，基本建设荒颓，葡萄酒业也跟着陷入了长期低迷。直到1986年葡萄牙正式加入欧洲联盟，来自欧盟的资金使其经济渐趋回升稳定，葡萄酒业也再次受到重视。

葡萄牙的名酒大多来自北部，波特酒的故乡多罗村（Douro），生产大量白酒与红酒，但白酒的品质大体高于红酒。

“绿酒”（Vinho Verde）是产自葡萄牙东北方的一种特产，红、白、玫瑰三款均具，其色泽微绿、口感清新雅致，酒质一如采撷葡萄的清晨般澄澈，由于发酵后酒中气体消散得较慢，装瓶后略带酸味与刺激感。

另一种来自葡萄牙北方的杜奥（Dao）是一种风格独具的混合葡萄酒。南岸则另有著名的红酒与白酒Colares，种植于大西洋海岸沙丘区。而葡萄牙出产的玫瑰红质量亦佳，大多外销。

9. 希腊

蕾契娜加入松树脂，酒味独特芬芳，有“希腊国酒”美称。

希腊的地理位置在北纬33°～41°之间，属于地中海型气候，葡萄的种植大多在气候较暖和的高海拔区，近年希腊酒商多用低温发酵改善葡萄酒的酿造技术。

希腊是葡萄酒文化的始祖，更是酒神狄奥尼索斯的故乡，《荷马史诗》记载，有一回奥德赛误入独眼巨人洞，生死攸关之际命令部属采收野葡萄，并用脚踩出葡萄汁，酿制成酒把巨人灌醉，乘机逃走。

早在6 000多年前，希腊就已开始了酿酒工艺，古希腊人将葡萄酒视为人类智慧的源泉，而深刻的悲剧哲学起源也与酒神文化有关，如尼采即在《悲剧的诞生》中视酒神为希腊悲剧的代表性角色。史上第一个制定法律规章经营葡萄酒业的也是古希腊，无论贫富，在餐饮中葡萄酒都是希腊人不可缺少的。

多山多岛的希腊各个区域因地势及气候的差异，酿造出品种繁多的葡萄酒。其中蕾契娜（Retsina）以优质葡萄酿制成酒，并加入松树脂，使酒中有一种独特的芬芳，有“希腊国酒”的美称。

赛萨里亚平原在东部爱琴海和西部奥林匹斯山的影响下，气候变化较大，安赫里奥斯、迈瑟尼克拉和拉波萨尼三地为葡萄酒的主产区。

中部的埃维亚区占全国葡萄酒产量的1/3，北方的那乌萨气候凉爽，出产上等的红酒，被当地居民称为“黑汁酒”。

目前希腊生产的葡萄酒较著名的有红酒：希洛马诺（Xynornavro）、曼德拉尼亚（Mandelaria）、里姆尼欧（Lirnnio）、亚吉欧吉提可（Agiorgitiko）。白酒：罗柏拉

（Robola）、罗迪提斯（Rhoditis）、维拉纳（Vilana）、达比娜（Debina）、萨瓦提诺（Savatiano）、莫斯科非蕾诺（Moscophilero）。

10.美国

美国葡萄酒的主产区在加州，价廉物美，不需久存即可饮用。

美国早期并不盛行葡萄酒，20世纪60年代期间，美国人只喜爱葡萄牙波特酒及西班牙雪莉酒等顺口的甜酒，对葡萄酒的观念也还局限在“有钱人摆派头的甜饮料”阶段。

到了1991年因国内医学界发表了“法国人的矛盾”（French Paradox）研究报告，引入葡萄酒有益健康的信息，美国顿时掀起一阵葡萄酒热潮。

其实早在1880年，加州大学戴卫斯分校（University of California，Davis）便创立了第一所“葡萄耕植与酿造学院”（Viticulture and Enology），致力于美国的葡萄酒技术改良与研发。1920年美国通过禁酒令，禁止酿造含酒精饮品以维护国人健康，造成葡萄酒地下化，嗜酒者以高价购酒，并开怀畅饮，使饮酒风尚更加恶化。直到1933年禁酒令被废除，1994年酒庄才再次酿造葡萄酒。

美国葡萄酒的主产区首推加州，加州的酒以价廉物美见称，大多不需久存即可饮用。加州所产的葡萄酒种类繁多，大多不标识年份，由于市场需求量颇大，很多酒都在装瓶后短期内售出。

另一个葡萄酒的主产地为纽约州，且大多在指湖区的山坡地带，产的多半是红、白、玫瑰色的气泡酒，以康克特（Concord）、艾菲拉（Elvira）、德拉瓦（Delaware）和卡托巴（Catawba）质量最佳。

11. 智利

智利请来法国专家研发出新品种，奠定智利葡萄酒的国际地位。

智利是什么时候开始种植葡萄的？目前有两种较为可信的说法：一是说大约在1536年时，由西班牙移民带来了葡萄种植技术。二是说由秘鲁耶稣教派的传教士越安地斯山脉而来。根据后来耶稣教派神父所撰写的经书，一般专家推断智利的葡萄种植应始于16世纪中叶。

16世纪时，由欧洲传入的酿酒技术未臻成熟，当时欧洲人大多饮用葡萄淡酒。接着西班牙在南美洲执行葡萄酒专卖法，禁止一般果农种植葡萄，使智利的酿酒业一直停滞不前，直到17世纪智利王室才取消此禁令，并广泛推行葡萄的耕种。

民主的声浪在19世纪迅速席卷欧洲，造成许多传统的皇室贵族纷纷移往美洲避难。当时，各种病虫灾害侵袭欧洲的葡萄产业，在这样恶劣环境的锤炼下，果农研发的应对技术也渐趋成熟。随着皇室贵族向美洲的迁移，酿酒师也在移民潮中引入了这些优良的新技术，改良了智利的葡萄酒。

现今，在智利酿酒学之父席维斯特·欧查卡维亚（Silvestre Ochagavia）的努力下，智利请来许多来自法国的专家，并研发出如梅洛（Merlot）、玛碧（Malbac）、黑皮诺、卡伯芮苏维侬（Carbernet Sauvignon）、莉思林（Riesling）等新品种，奠定了智利葡萄酒在国际上的重要地位。

12. 阿根廷

阿根廷雨量少、湿气低，病菌不易生长，葡萄酒质量优异。

阿根廷的葡萄酒产量在全世界排行约为第四、第五名，其葡萄酒田约占世界的3%，是葡萄酒的生产大国之一。

早在1561年，西班牙人登陆阿根廷，并于1536年设置首都布宜诺斯艾利斯，便开始种植葡萄，由于气候的差异，在找寻适合种植的地理环境上遭遇许多困难。到了1577年，秘鲁传教士在圣地亚哥爱沙泰罗（Santiago del Estero）成功地种植葡萄，18世纪才由西班牙人执行葡萄公卖法，这时的葡萄业尚不兴盛，酿酒也没受到特别的重视。

1820年圣马丁将军打败西班牙，阿根廷正式建国，民众才开始发展葡萄业。20世纪初，意大利、法国及西班牙人大量移民到阿根廷，带来了先进的葡萄种植技术及酿酒技术，从此阿根廷的葡萄酒业进入了新纪元。

畜牧业兴盛的阿根廷，人民大多以肉食为主，较少摄取果蔬，但他们每天都必须喝一种由巴拉圭茶树所生产的“马黛茶”（Mate）和大量的葡萄酒，以均衡身体所需的养分。因为国内对葡萄酒的消耗相当可观，外销量相对较少。

阿根廷降雨量低、湿气也低，不必使用太多的化学药剂就能避免葡萄病菌的生长，使葡萄得以健康自然地成熟，酿出的酒质量也很好，吸引了不少欧洲的葡萄酒业巨子前来投资。

13.澳洲与新西兰

澳洲酒展现果香、花香及橡木香的天然芬芳，且向来即开即饮。

澳洲人酿酒素来有一套革命性的“简单哲学”，颠覆欧洲传统的束缚，力求摆脱品种、年份、产区等条件，也不主张好酒必须陈年。澳洲的酒展现果香、花香及橡木香的天然芬芳，且向来即开即饮，消费者只要选择喜爱的葡萄品种，不必考虑一大堆复杂的选酒知识。

澳洲酿造葡萄酒约有两百多年的历史，原先大多供应英国市场，近年葡萄酒业发展快速，产量跃居全球第十一位，是南半球仅次于南非、阿根廷的酒国大宗，所产的酒大多为红、白气泡酒及易入口的各式甜葡萄酒。

在历史影响较小的条件下，澳洲人造酒风格十分自由而随性，可透过加工任意改变酒精浓度和酒的甜度，来满足口感均衡的要求，而这种独树一格的酿酒法则也为澳洲在国际市场上闯出另一片天空。

新西兰在南半球的位置，相对于北半球大约是法国巴黎到非洲，涵盖葡萄酒著名产区波尔多、勃根地、隆河区等。但受到海岛型气候影响气温较低，环境也与北半球葡萄酒重要产区的大陆型气候相去甚远。

新西兰以畜牧业为主，近几十年才开始发展葡萄酒业，分为南、北两个岛屿，北热南冷，每年的2～6月为葡萄采收期，过量的雨水冲淡葡萄中的糖分，使其含糖度及成熟度不足，是此区常遇到的难题。

14.南非

南非的气候与法国相近，且土壤肥沃，十分适合葡萄生长。

南非葡萄酒的酿造史可追溯到公元1652年，当时的殖民者发现南非的气候与法国相近，且土壤肥沃，适合葡萄生长，于是南非有了第一座葡萄园，成为古老的葡萄酒产国之一。

南非境内葡萄的主要种植区有15处，其中又以康斯坦提亚（Constantia）、斯泰伦布什（Stellenbosch）、帕尔（Parrl）、黑地（Swartland）、沃克湾（Walker Bay）和罗贝尔森（Rowbotham）最为重要。

南非的葡萄园面积约为117 000公顷，葡萄酒年产量约为8亿升，有35万人从事葡萄酒相关行业，境内共有521个酒窖及无数的酒厂。小型的酒厂酿造限量的“手酿葡萄酒”，大酒厂每年加工产量超过1万吨，所产的酒风格独一无二，堪与世界各种上等的葡萄酒媲美争锋。

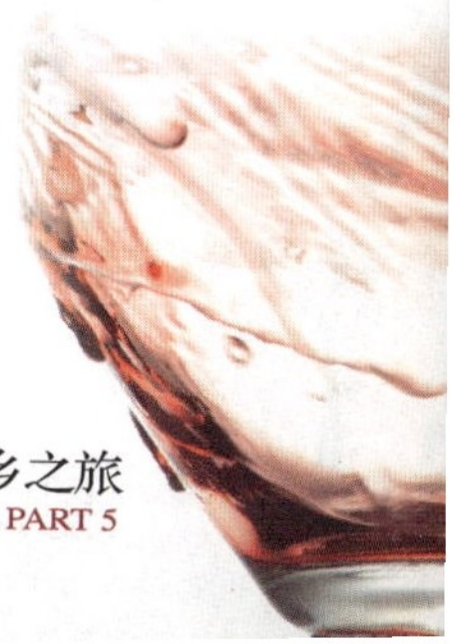

15.中国

中国是酿造葡萄酒最古老的国家之一，技术精湛而纯熟，享誉国际。

司马迁的《史记》记载："大宛以葡萄酿酒……久者数十年不败。"

相传早在汉朝，民间就已有饮用葡萄酒的习惯，汉武帝时期国力鼎盛，陇西一带盛产葡萄，有人欲将这珍贵的果实献给皇帝，却因为忘在水缸里使得葡萄自然发酵。后来这无意间制成的佳酿香醇芬芳，充盈于室，立即受到皇帝与群臣的喜爱。汉武帝更以天赐"琼浆"赞赏，并在宴席中与文武百官共享。

中国是酿造葡萄酒最古老的国家之一，发展至今已有精湛而纯熟的技术，许多品牌都享誉国际，为世界各地葡萄酒迷所青睐。其中最著名的如烟台红葡萄酒，此酒原名玫瑰香红葡萄酒，酒精浓度为16度，口感甜中带酸、清新爽口。

烟台红葡萄酒公司的前身是张裕酿酒公司，创始人为张弼士先生。该公司是中国境内乃至亚洲规模最大、品质最优的造酒公司之一，迄今已有100多年的历史。

其他中国较著名的红酒品牌如：华庆长城、王朝、西夏王、解百纳、云南红等，不但品质优良，深受大众喜爱，名字也相当动听且独具东方风味。

POINT

世界最著名的葡萄酒产地欧洲占了2/3，其中又以三大产酒国：法国、意大利和德国为代表。而如南美智利、阿根廷、北美、澳洲、南非等地，则被法国舆论称为"新世界"，每每以新技术开发出清新爽口、独具风味的佳酿，受到世人欢迎。